embroider music with number

Contents

프롤로그 – 8

음악에 수를 놓다 추천사 – 10

I. 음악에 수(數)를 놓다 – 14
   1장. 우리는 소리를 어떻게 들을 수 있을까요?
   2장. 소리가 우리에게 다가오는 과정
       1) 물결치며 울려 퍼지는 음파의 파동
       2) 소리의 크기와 높낮이를 담당하는 진폭과 주기
       3) 아름답고 유니크한 소리의 색깔
   3장. 소리를 아날로그에서 디지털로 만드는 푸리에 변환

II. 음악 속에 수학 - 26

1장. 숫자에 푹 빠져 음률과 화성을 창시한 피타고라스
2장. 평균율로 음악에 새로운 변화를 불러온 메르센
3장. 14를 사랑한 음악의 아버지 바흐
4장. 피보나치수열과 황금비로 음악을 만든 작곡가 버르토크
5장. 악보 위에 수학으로 음악을 건축한 크세나키스

III. 음악과 수학의 동행 - 64

1장. AI의 발전, 수학은 음악을 어디로 이끌까요?
2장. 앞으로 더 기대되는 음악과 수학의 동행
3장. 수학문화 확산을 위한 우리의 노력

프롤로그...

제가 어린 시절, 학교에 다녔을 때는 '수학'이 아니라 '산수'라는 단어를 많이 썼었어요. 그렇게 시간이 지나 배운 것이 늘어가던 어느 순간 '수학'이라는 학문과 치열하게 씨름하고 있는 저 자신을 발견하게 됐지요. 아마 이때였던 것 같아요. 공부하는 사람마다 '수학'이라는 학문을 좋아할 수도, 싫어할 수도, 혹은 포기할 수도 있다는 것을 알게 되었어요. 여기서 저는 한 가지 질문을 던지고 싶어요. '산수와 수학은 정말 다른 걸까?' 이 질문에 대한 답은 여러분 각자에 맡겨 보아요.

산수는 쉬운데 수학은 어렵다? 왜일까요? 공식을 외우기 어려워서일까요? 계산식을 세우기가 어려워서일까요? 이해하기가 어려워서? 아니면 원래 어려운 학문이어서일까요? 수십, 수백 가지의 이유가 있겠지만 결국 '수학'을 좋은 대학, 좋은 진로를 위한 도구로만 생각해서 그런 것은 아닐까요? 그렇다면 이제는 한 번쯤 '수학'에 대한 발상을 전환해보는 것은 어떨까요?

사실 수학은 산수이고, 일상생활이에요. 그리고 수학은 놀이이자, 우리 생활 모든 곳에 활용되는 치트키죠. 가만히 들여다보면 수학은 동네 슈퍼에서도, 대중교통을 이용할 때도, 건물을 지을 때에도, 다이어트를 하며 칼로리를 계산할 때도 아무 거리낌 없이 사용되고 있답니다. 수학은 삶의 도움말이기도 하며, 지친 마음에 보내는 안정제이기도 해요.

이처럼 일상생활에서도 친근하게 활용되는 '수학'을 좀 더 재미있게, 좀 더 의미 있게, 알면 알수록 호기심을 가질 수 있도록 해 주고 싶어요. 그래서 수학을 친구처럼 편하게 만들어줄 방법은 무엇이 있을까 고민했어요. 많이 고민하고 생각들을 모았더니 답을 찾아낼 수 있었어요! 바로 우리가 익숙한 것이 수와 어떤 관계가 있는지 보여주는 것이었어요. "음악에 수를 놓다", "미술에 수를 놓다", "역사에 수를 놓다" 시리즈를 통해서 말이에요!

먼저 이번에는 첫 번째 시리즈인 "음악에 수를 놓다"를 여러분에게 소개할게요. 이 책에서 여러분은 수학이 음악을 통해 삶의 도움말이 되기도 하고, 놀이이기도 하며, 지친 마음에 보내는 안정제가 된다는 것을 알게 될 거예요. 이 한 권의 책이 수학을 생각하는 여러분 마음 한편에서 안정제가 되어주기를 바라요.

음악에 수를 놓다 추천사

국가수리과학연구소 김현민 소장

"음악에 수를 놓다"는 음악과 수학의 아름다운 관계를 탐구하는 책입니다. 이 책에서는 음악과 수학이 어떻게 서로 깊이 연결되어 있는지를 다양한 관점으로 수학자와 음악가를 함께 조명합니다. 음악적 구조와 리듬, 조화와 멜로디가 수학적 원리에 어떻게 상호작용하는지를 탐구하다 보면 음악과 수학 모두를 새로운 시각으로 이해하게 되실 것입니다.

여러분은 여기에서 음악과 수학적 개념을 접목함으로써 음악과 수학의 본질에 더 가까이 다가가고 음악과 수학의 창조성을 서로 교류하는 새로운 경험을 하시게 될 것입니다. 복잡한 수학적 이론을 음악적 언어로 번역하여 음악가와 수학자 뿐만아니라 수학을 아는 모든 이에게 새로운 통찰을 제공하게 될 것입니다.

"음악에 수를 놓다"는 음악과 수학에 대한 기존의 경계를 허물고 두 분야 사이의 상호작용을 통해 수학이 단지 어려운 문제 풀이가 아니라 우리의 일상생활에 함께하고 있다는 것을 직접 체험하게 해 줄 것입니다. 음악의 조화와 리듬이 수학적 원리로 설명될 수 있음을 보여주고 음악과 수학이라는 두 분야의 아름다움을 동시에 경험할 소중한 기회를 얻게 되실 것입니다.

인천대학교 이승재 교수

세계적인 딥러닝의 권위자이자 2018년 튜링상의 수상자이기도 한 얀 르쿤 (Yann Lecun)은 얼마전 이런 말을 했습니다. "인공지능과 기계학습 분야를 제대로 공부하고 싶으면 컴퓨터공학 (Computer Science) 보다 수학을 해라". 우리는 점점 수학이 중요해지는 시대에 살고 있습니다. 그렇지만 여전히 많은 사람들에게 수학은 무섭고 먼 학문으로 남아있습니다.

이번 '음악에 수를 놓다'는 우리에게 훨씬 친숙한 음악 속에 숨어있는 다양한 수학 원리들, 그리고 음악가들과 수학자들의 이야기들을 통해 수학을 무섭고 딱딱한 공식이 아닌 아름다운 예술로 볼 수 있는 기회를 제공합니다. 이 책이 계기가 되어 수학이 여러분 인생의 적이 아닌 친구가 될 수 있길 바라며, 앞으로 나올 국가수리과학연구소의 '수(數)를 놓다' 시리즈를 기대합니다.

음악에 수를 놓다 추천사

블리스아트 윤서연 대표

영화, 드라마, CF, 예능 등… 음악은 우리의 일상에 없으면 이상할 만큼 매우 친숙한 존재입니다. 반면에 수학 공식들과 이론들은 너무 어렵고 복잡하게 느껴져 자꾸만 멀리하고 싶어집니다.

수학 대중화 공연, 〈음악에 수(數)를 놓다〉 기획을 처음 맡았을 때에도 '수학'이라는 단어만 보고 덜컥 겁부터 났지만, 내가 제일 좋아하는 음악 속에서 수학을 찾아내는 그 과정들이 너무 놀랍고 즐겁기만 했습니다.

이 책에는 음악 속에서 발견할 수 있는 수학의 규칙들, 이론들, 역사들 그리고 수학을 사랑했던 음악가들의 이야기가 다양한 시각자료들과 함께 담겨 있습니다. 수학과 음악은 전혀 상반된 분야라 여겼는데, 읽는 내내 수학과 음악은 개성은 다르지만 서로 너무 잘 맞는 참 좋은 친구라는 생각이 듭니다.

음악을 사랑하는 사람들 그리고 수학을 어렵게만 느껴왔던 사람들을 포함한 많은 이들이 이 책을 통해서 음악과 일상 속에 녹아있는 흥미로운 수학 이야기들을 새롭게 만나고, 수학과 조금 더 친숙해지고 가까워지는 시간이 될 수 있을 것이라 생각됩니다.

과학문화전문기업 사이콘 이근영 대표

수학은 지극히 논리적인 사고 기반의 체계적인 학문입니다. 음악은 감성적인 교감 중심의 예술적 활동입니다. 예술은 '조화와 소통'의 구심점을 찾기 위해 수학과 융합합니다. 수학은 최적의 조화와 감동을 추구하는 음악의 공진화를 위해 과학적 원리와 기준점을 제공합니다. 수학과 음악은 삶의 공간에서 소리, 화성과 코드, 음계, 음파와 파동, 진폭과 주기, 음색, 리듬과 박자 등 최적의 교감을 이끄는 음악적 규칙과 비율을 찾는 교감의 조화를 탐구합니다.

인류는 감동의 구조와 패턴의 조화를 찾기 위한 데이터 기반의 수학적 활동을 지속할 것입니다. 생성형 AI를 활용한 음악 콘텐츠의 가능성도 열렸습니다. 생성형 AI를 활용한 음악 콘텐츠를 생성하는 인공지능 산업이 급진적으로 발전하고 있습니다.

「음악에 수를 놓다」는 수학과 음악의 조화를 보여주는 흥미로운 도서입니다. 음악의 본질인 소리의 개념과 수학적 원리를 설명합니다. 피타고라스의 수의 본질을 이용한 '천구의 음악'에서 바흐의 음악 기본 규칙과 수학적 원리 활용까지 수학과 음악의 조화로운 근거를 풀어냅니다. 이 책은 소리에서 인공지능까지 수학에 대한 관점과 사고를 확장할 수 있는 친절한 도서입니다.

I

음악에 서울 놀다

음악에 수(數)를 놓다.

음악과 수학. 얼핏 보면 전혀 다른 학문 분야라고 생각할 수 있어요. 사람의 감정을 움직이고 사람을 따뜻하고 즐겁게 해주는 음악. 그에 반해 이성적이지만 어렵고 복잡한 공식으로 사람들을 힘들게 하는 수학. 굉장히 상반되어 보이는 두 학문이죠. 그렇지만 사실은 알면 알수록 음악과 수학은 매우 밀접한 연관이 있는, 마치 동전의 양면과도 같은 학문으로 볼 수 있어요. 실제 많은 수학자와 음악가가 서로 상대 학문의 연관성과 유사성에 대한 어록들을 남겼어요.

예를 들면 미적분의 창시자 중 한 명으로 알려진 17세기 독일 수학자 라이프니츠는 "음악에서 얻는 즐거움은 산술에서 오는 것이지만 산술을 인식하지 못한다. 음악은 단지 무의식적인 산술일 뿐이다."라는 말을 남겼고, 19세기 영국 수학자 실베스터(James Joseph Sylvester)는 "수학과 음악은 둘 다 자연의 아름다움을 찾는 과정이다."라는 말을 남기기도 했어요.

그렇다면 음악이란 무엇일까요? 좀 더 본질적으로, 소리란 무엇일까요?
우리는 일상에서 수많은 소리를 들으며 살아가요. 시끄럽고 귀에 거슬리는 소리는 '소음'이라고 하고, 아름답게 만들어진 소리를 '음악'이라고 합니다. 그렇다면 우리는 소리를 어떻게 듣게 되는 걸까요?

1장. 우리는 소리를 어떻게 들을 수 있을까요?

음악을 좀 더 본질적으로 접근하면 소리가 있어요. 자연 속에는 다양한 방법으로 낼 수 있는 소리가 존재해요. 사람은 성대를 통해 목으로 소리를 낼 수 있고, 손뼉을 친다든지 움직이면서 소리를 내기도 하죠. 피타고라스가 들었듯이 금속과 금속이 부딪치며 나는 소리도 있고, 바람이 불면서 나는 소리, 동물들이 내는 소리도 있어요.

소리는 '음파'라는 파동으로 존재해요. 그 소리가 공기를 진동시켜 음파의 형태로 공기에 퍼지게 되죠. 이 음파가 공기를 통해 귀로 전달되어 고막을 진동시키고, 그렇게 입력된 신호를 뇌가 소리로 받아들이게 된답니다. 아래 그림처럼 말이죠. 그래서 우리가 노래를 부르거나, 악기를 연주하는 등 음악을 들으면 이런 원리로 우리에게 전달돼요.

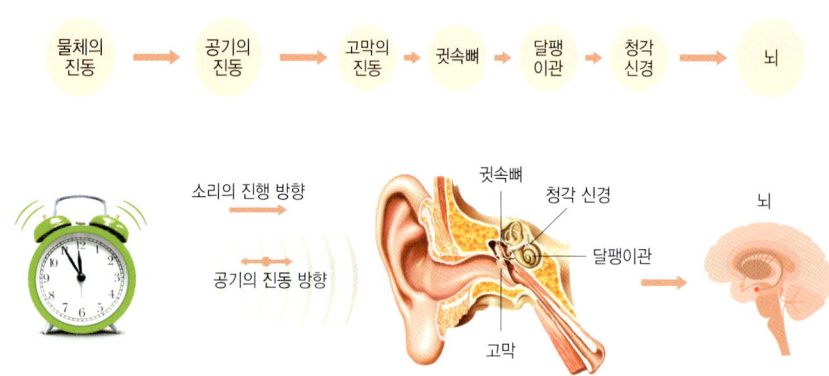

2장. 소리가 우리에게 다가오는 과정

1) 물결치며 울려 퍼지는 음파의 파동

소리는 '음파'라 불리는 파동의 한 종류예요. 그래서 공간으로 진동이 전달되고, 우리는 소리를 듣게 되죠. 참고로 과학이 발전하면서 사람들은 소리뿐만 아니라 빛, 전자파, 지진파 등 다른 파동도 물리적으로 분석하고 눈으로 볼 방법을 찾아냈다고 하네요!

다시 음파로 이야기를 옮겨가 볼게요. 음파를 순수한 사인(sine)함수로 변환하면 아래 그림과 같은 모습으로 생겼어요. 주기가 있고 진폭이 있지요. 이 둘에 따라 들리는 소리도 달라져요. 어떻게 그런지 자세히 알아볼까요?

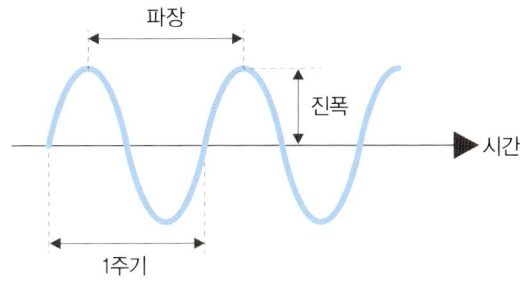

2) 소리의 크기와 높낮이를 담당하는 진폭과 주기

모든 음파는 파동이고, 파동은 파장, 진폭, 주기를 가져요. 이 중 소리 크기를 좌우하는 것이 음파의 진폭이죠. 음파의 가장 높은 부분과 낮은 부분의 차이가 클수록 소리가 크고, 작을수록 소리가 작은 셈이죠. 이런 소리 크기를 표현하기 위해 데시벨(dB)이라는 단위를 쓰는데, 이 세기가 바로 소리의 진폭을 의미해요. 데시벨이 높다는 것은 진폭이 크다는 것이고 소리가 크다는 것을 의미해요. 데시벨이 낮다는 것은 이와 반대예요.

앞장의 그림을 다시 한번 볼까요? 그림과 같이 주기는 음파가 자기 자신으로 돌아오는 데까지 걸리는 시간, 즉 음파의 한 파장이 지나기까지 걸리는 시간을 의미해요. 진폭이 소리 크기를 결정했다면, 주기는 음의 높낮이를 결정해요. 참고로 음파와 파동을 연구하는 사람들은 주기를 그대로 쓰지 않고 주기의 역수 개념인 '진동수'라는 개념을 주로 사용해요. 진동수는 1초 동안 파동이 몇 파장을 진동하는지 세요. 결국 진동수는 '1/주기'라는 점을 알 수 있어요. 진동수라는 개념은 좀 생소하게 들릴 수도 있지만, 진동수를 세는 단위, 즉 헤르츠(Hz)는 많이 들어보셨을 거예요. 라디오 주파수를 말할 때, 음역을 얘기할 때 등 다양하게 쓰이고 있죠.

바로 이 헤르츠가 음의 음정, 음의 높낮이를 좌우하는데, 진동수가 높을수록 높은 음을 내죠. 예를 들어 보통 피아노에서 기준이 되는 '가온 다'로 불리는 도(C) 음은 소수점 아래 첫째 자리에서 반올림해 약 262헤르츠(Hz)의 진동수를 가져요. 그다음 반음인 '도#'은 277Hz, 다음 반음인 '레'는 294Hz의 진동수를 가지는 등 음마다 고유의 진동수를 가지고 있어요. 또한 보시는 것처럼 음정이 높아질수록 진동수가 커지는 것을 알 수 있어요.

음정	도	도#	레	레#	미	파	파#
진동수 비율	1.00	1.06	1.12	1.19	1.26	1.34	1.41
진동수	262	277	294	311	330	349	370
음정	솔	솔#	라	라#	시	도	
진동수 비율	1.49	1.59	1.68	1.78	1.89	2.00	
진동수	392	415	440	466	494	524	

현의 길이 비율에 따라 음정이 결정되고, 평균율은 한 옥타브 안에 12개의 반음을 각자 일정한 비율로 진동수가 증가할 수 있게 배분하는 것이랍니다. 지금 보고있는 음파와 진동수 개념으로 보면 평균율을 정확히 설명할 수 있답니다.

현의 길이는 파장이라 생각하고, 이 파장은 진동수의 역수 관계로 보면 되는데요! 이 개념으로 보면 현 길이가 2:1 비율로 차이가 날 때 한 옥타브 차이가 나는 화음이 들렸다는 것은 한 옥타브 차이 나는 음의 진동수가 정확히 두 배 커졌다는 말과 같아요. 왼쪽 표에서 첫 번째 도와 두 번째 도의 진동수를 비교해 보시면 정확히 2배만큼 차이가 나는 것을 볼 수 있어요. 3:2 비율로 음을 내었을 때에는 듣기 좋은 화음, 즉 절대 5도가 나온답니다. 3:2 비율 역시 진동수 개념으로 보면 진동수가 서로 1.5배 차이가 나야 해요. 왼쪽 장의 표를 보면 도를 기준으로 도와 완전 화음인 절대 5도를 이루는 솔의 진동수를 보면 실제로 1.49배, 대략 1.5배가 난다는 것을 볼 수 있어요. 남은 음들도 음과 음 사이의 반음 비율을 보면 진동수가 거의 일정하게 1.06배만큼 차이가 남을 알 수 있어요. 수학자들과 음악가들이 여러 차례 시행착오를 거치며 듣기 좋은 음정들을 배분하기 위해 노력했던 것들이 뒤에서 알아볼 푸리에 변환으로 분석해 보니 실제로 맞았던 거죠.

참고로 인간이 들을 수 있는 가청 주파수라고 불리는 영역은 대략 15Hz에서 20,000Hz이며 그 밖에 음파는 존재하더라도 사람의 뇌가 인식 못한다고 해요. 우리가 들을 수 있는 영역 중에 실제 일상생활에서 들을 수 있는 소리 범위는 대략 125Hz에서 8,000Hz이고, 이 범위 안에서도 사람이 가장 잘 듣는 주파수는 약 1,000Hz에서 5,000Hz 사이라고 해요. 이런 정보 역시 음파를 수학으로 분석한 덕분에 알아낸 정보이죠.

3) 아름답고 유니크한 소리의 색깔

마지막으로 음파에서 중요한 음색이 있어요. 가수들의 노래를 듣다 보면 가수마다 고운 음색, 맑은 음색, 허스키한 음색, 부드러운 음색, 몽환적인 음색 등 모두 고유의 음색이 있음을 알 수 있어요. 각자가 매력적으로 느끼는 음색도 모두 다르기도 하고요. 음색은 음파의 파형, 즉 음파의 모양을 말해요. 같은 진폭과 같은 진동수를 가진 음파라도 모양은 제 각각일 수 있어요. 그래서 같은 음정과 소리라도 다른 음색이 나올 수 있어요. 실제로 피아노의 '도'와 바이올린의 '도', 플루트의 '도', 그리고 사람의 목소리가 만드는 '도' 등 악기마다 똑같은 음을 내도 다른 음색의 소리가 나오는 이유도 바로 음파 모양이

다르기 때문이랍니다.

지금까지 소리의 크기, 소리의 음정, 소리의 음색을 알아보았어요. 이 세 가지를 '소리의 3요소'라고 하고, 이를 요약하면 아래와 같아요.

소리의 세기 (강, 약)
진폭에 따라 결정
소리의 세기는 진폭의 제곱에 비례

소리의 높이 (고, 저)
진동수에 따라 결정
진동수가 많을수록 고음

소리의 맵시 (음색)
파형에 따라 결정
같은 세기와 높이의 소리라도 구분 가능

3. 소리를 아날로그에서 디지털로 만드는 푸리에 변환

소리를 말하는 데 있어 소리의 크기, 음정, 음색 3요소가 전부라고는 말할 수 없답니다. 앞에서 "순수한 사인(sine)함수로 만들어진 음파는 다음과 같이 생겼습니다."라고 표현했는데, 이는 실제 우리가 듣는 소리가 매우 많은 음이 섞인 복합음이기 때문이지요. 예를 들어 오케스트라 공연을 생각해 보면, 우리는 피아노 소리, 바이올린 소리, 플루트 소리 등이 한 번에 섞인 소리를 듣게 돼요. 노래 역시 보통은 반주와 보컬을 같이 듣고, 이 반주를 이루는 소리 역시 다양하답니다.

또한, 하나의 악기가 한 음을 연주한다고 해서 방금과 같은 순수한 형태의 사인(sine)함수로 나오지 않아요. 저렇게 순수한 형태의 한 음파만을 가진 음을 보통 '순음'이라고 하는데, 이 음을 내려면 소리굽쇠나 다른 특별한 도구가 필요해요. 배음은 같은 음정들을 가진 순음들이 합쳐진 음을 말해요. 예를 들어 피아노에서 '도'를 치면, 사실 이 음뿐만이 아니라 옥타브 차이가 나는 '도' 음들도 같이 나오게 되는데, 이런 음을 '배음'이라고 해요.

마지막으로 여러 음이 그냥 섞여서 나오는 소리를 '복합음'이라고 하는데, 우리가 일반적으로 듣는 소리가 여기에 해당해요. 이렇게 되면 더 이상 음파의 진폭, 진동수, 음색으로 분석하고 이해하기 어려울 것 같지만, 다행히도 이를 해결해 주는 기법이 있어요.

바로 수학으로부터 출발한 '푸리에 변환'이라는 기술이랍니다. 푸리에 변환을 쉽게 요약하면 "모든 주기성을 띠는 파동은 사인(sine)함수와 코사인(cosine)함수로 이루어진 다양한 주기함수의 중첩으로 표현할 수 있다."라는 것이죠. 앞서 우리가 본 순음 같은 경우 사인(sine)함수 하나로 표현될 수 있는 가장 순수한 음이었던 셈이에요. 그럼 여러 가지 음이 섞인 경우는 어떻게 할까요? 다음 장의 그림을 보면서 함께 살펴볼까요?

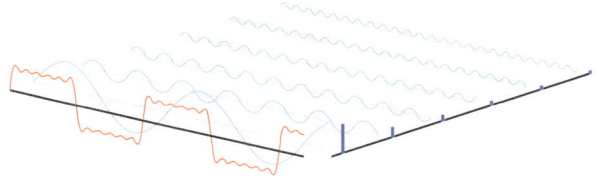

위 그림에서 빨간색으로 표시된 음파가 우리가 분석하고 싶은 불규칙한 음파라면, 뒤에 보이는 파란색 음파들은 사인(sine)함수의 모양으로 나타난 순음들이에요. 그림에서 보는 것처럼 빨간색의 음파는 뒤에 보이는 파란색 음파들의 중첩으로 표현할 수 있다는 것이 푸리에 변환의 기본 개념이죠. 단순한 음 말고 목소리 같은 것 역시 순음들의 중첩으로 변환할 수 있어요. 예를 들어 '아'라는 소리를 냈을 때 '오실로스코프'라는 도구로 파형을 관찰하면 파형이 아래 그림처럼 나온다고 해요.

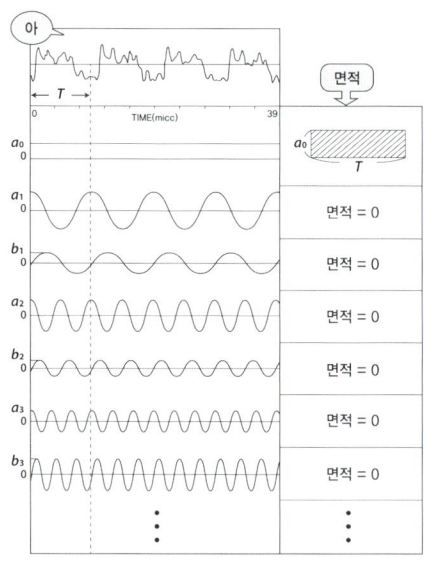

오실로스코프로 관측되는 파형

'아'라는 목소리가 만들어 낸 음파는 왼쪽 그림에서 보는 것처럼 불규칙해 보이지만, 이 역시 사인(sine)함수와 코사인(cosine)함수로 이루어진 순음들의 중첩으로 표현할 수 있어요.

그런데 왜 음파들을 이렇게 수학으로 표현하는 것이 중요할까요?
첫 번째 이유는 직접 음파를 눈으로 보고 분석할 수 있게 함으로써 소리의 본질을 알 수 있게 해주기 때문이죠. 피타고라스 시절부터, 아니 그 이전부터 사람들은 이미 다양한 악기를 만들어 왔고 시행착오를 겪으며 아름다운 음악들을 만들어 왔어요. '푸리에 변환' 덕분에 수학을 통해서 정말 어떤 음정들이 어떤 진동수를 가졌는지, 아름답게 들렸던 화음들이 정말 2:1 혹은 3:2 등의 비율을 가졌는지를 확실히 확인할 수 있게 되었죠. 또한, 다양한 악기가 가진 파형을 보며 악기들 고유의 음색을 이해할 수 있게 되었어요. 음악을 듣기만 하는 게 아니라, 이제 볼 수 있게 해준 거죠. 그만큼 음악에 대한 이해도 깊어졌지요.

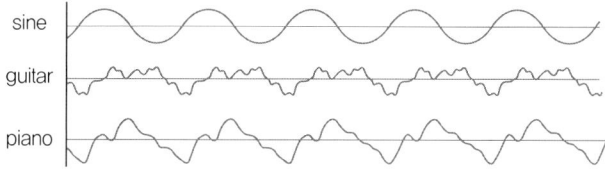

같은 음을 쳤을 때 순수한 순음 파형과 기타 파형,
그리고 피아노 파형이 서로 다른 것을 알 수 있어요.

푸리에 변환이 정말 중요한 두 번째 이유는, 역으로 우리가 듣는 소리에서 중요한 부분만 나눠서 추출할 수 있게 해주기 때문이랍니다. 이는 현대에 와서 특히 중요해진 기술인데, 바로 컴퓨터로 음원을 녹음하거나 전화 통신을 할 때 꼭 필요한 기술이기 때문이에요.

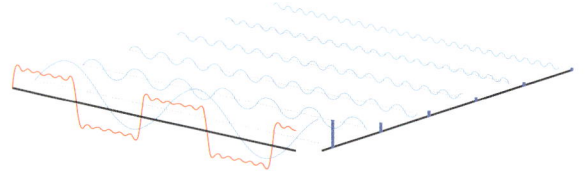

앞에서 봤던 그림을 다시 생각해 볼까요? 위 그림에서 보듯이 빨간색 음파는 뒤에 있는 파란색 음파들의 중첩으로 이루어진다는 걸 푸리에 변환을 통해 알 수 있는 사실이라고 했던 것을 기억하실 거예요. 이를 조금 더 파고들어 보면, 푸리에 변환을 통한 분해로 나온 중첩된 파란색 음파 중 어떤 것이 더 중요하고, 어떤 것이 덜 중요한 음파인지 골라 소리를 다듬을 수 있다는 뜻이 돼요.

전화 통화 음질을 예로 생각해 보죠. 우리가 길을 지나가며 통화한다고 했을 때 여러분 목소리와 함께 길을 지나가며 들리는 수많은 소음에 대해 생각해 본 적 있으신가요? 가만히 생각해 보면 어지간한 상황이 아니고서는 주변 소음이 전달되지 않고 여러분의 목소리만 깨끗하게 전달되었을 거예요. 그 이유가 바로 푸리에 변환 덕분이죠. 전화기로 흘러들어온 수많은 음파가 푸리에 변환을 통해서 진동수에 따라 분리되고, 인간 목소리 음역인 200Hz에서 8,000Hz 사이 음파들만 남기고 다른 음파들은 제거(필터링)되는 거죠. 그래서 좀 더 선명한 음질의 통화를 할 수 있게 되는 것이랍니다.

소리 주파수를 분해해 필요한 사인(sine)함수만 남겨 놓는다는 것은 우리가 원하는 음악을 더 선명하면서도 더 낮은 용량의 데이터로 들을 수 있게 해준다는 뜻이에요. 21세기를 살아가는 우리는 직접 공연장을 찾아가 연속적인 아날로그 음파의 음악을 듣는 경우보다 유튜브나 스트리밍, MP3 등 디지털 신호로 녹음한 음악을 듣는 경우가 많아요. 녹음 음악이면 내가 듣고 싶은 소리와 녹음 과정에서 혹시 녹음되었을 수도 있는 소음을 푸리에 변환을 통해 구분하여 남길 음파를 조절할 수 있다는 것이죠. 그렇다면 또한, 같은 소리를 내더라도 꼭 필요한 음만 남기고 줄일 수 있다면 어떨까요? 데이터 용량을 줄일 수 있지 않을까요? 그래서 이게 가능한지 한 번 살펴보려고 해요.

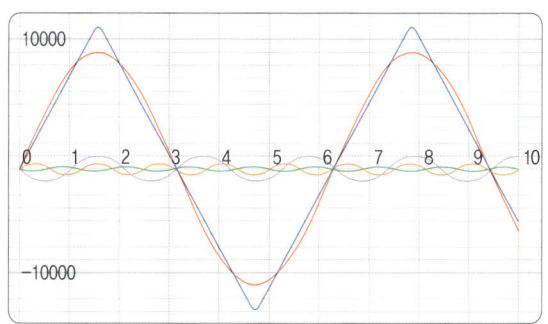

그 가능성을 실험하기 위해 사인함수 그래프 4개를 합성해 위 그래프와 같은 파란색 음파를 만들었어요. 이제 이 그래프들 중 진폭이 가장 큰 3개의 그래프만 골라서 합성을 해보았더니 아래와 같은 파란색 음파를 얻었어요. 이제 위와 아래 그래프를 한 번 비교해 보세요.

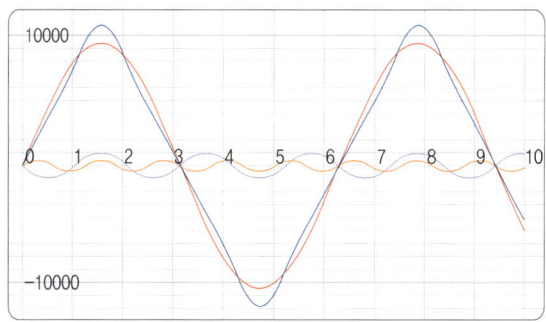

어떤가요? 얼핏 보면 위와 아래 그래프의 차이가 거의 없어 보이지요? 그래요. 굳이 사인함수 그래프 4개를 쓰지 않고 3개만 쓰더라도 원래의 소리와 비슷한 소리를 낼 수 있었던 셈이죠. 이렇게 필요한 3개의 그래프만 남겨 음파를 줄이면 음질을 유지하면서도 용량을 줄일 수 있게 돼요.

음악에 수를 놓다 / 25

II
음악속에 수학

음악 속에 수학

여러분에게 음악과 수학, 두 학문은 어떤 성격을 가지고 있나요? 아마 대부분은 이 둘이 전혀 다른 학문이라고 생각할 거예요. 음악은 감성적이고 사람을 따뜻하게 해주며 때로는 사람의 마음을 움직이고 우리를 즐겁게 해주는 것으로 생각한다면, 수학은 숫자들로 가득하고 복잡하며 어려운 데다 이성적이라고 생각하죠. 즐겁게 해주는 음악과 머리를 아프게 하는 수학, 이 둘은 달라도 아주 많이 달라 보여요. 그런데 둘 사이의 숨겨진 진실을 알면 이렇게 다른 둘 사이가 동전의 양면처럼 서로 반대편에 있지만 굉장히 밀접한 연관이 있다는 것에 깜짝 놀라게 될 거예요. 심지어 같은 학문으로 볼 수 있기까지 하죠. 그래서일까요? 실제로 유명한 수학자 중엔 음악가가 많아요!

예를 들어보면, 수학자로 유명한 피타고라스(Pythagoras)는 서양 음악 이론의 창시자였고, 메르센(Marin Mersenne), 오일러(Leonhard Euler)까지 그들은 수학자인 동시에 음악가였어요. 음악가들 역시 수학의 중요성을 일찍부터 알았어요. '음악의 아버지'라 불리는 바흐(Johann Sebastian Bach)는 다양한 수학 규칙들을 활용해 작품을 만들기로 유명했고, 화성학 발전에 지대한 영향을 끼친 18세기 프랑스 작곡가 라모(Jean-Philippe Rameau)는 "음악에 대한 지식을 진정으로 이해하게 된 것은 수학의 도움을 받아서였다."라는 말을 남겼죠. 20세기 최고의 대중 수학 및 과학 저술가인 미국의 마틴 가드너(Martin Gardner) 역시 "굉장히 높은 비율의 수학자들이 실제로 훌륭한 음악가들이었다."라고 말하며 "음악과 수학은 둘 다 아름다운 패턴을 공유하는 학문이라 그런 걸까?"라는 질문을 던지기도 했어요.

이렇게 많은 이가 말하는 음악과 수학의 연결고리는 구체적으로 어떤 모습인지 궁금해지지 않나요? 우리의 귀를, 우리의 마음을 즐겁게 해주는 음악 속에는 수학이 어떤 모습으로 숨어있는 걸까요? 지금부터 그 비밀을 함께 찾아보아요.

1장. 숫자에 푹 빠져 음률과 화성을 창시한 피타고라스

피타고라스(Pythagoras), 학창 시절 한 번쯤은 들어 보셨던 이름이죠? 직각삼각형과 피타고라스 정리를 배우면서 듣기도 하고, 이와 관련해서 그의 제자 히피소스가 $\sqrt{2}$ 라는 무리수[1]를 처음 발견했지만, 두려운 나머지 숨겼다는 일화를 전해 듣기도 해요. 또한 피타고라스가 "만물의 근원은 수"라는 주장을 했던 철학자였다는 것을 배우기도 하죠. 이런 피타고라스가 사실 음률을 창시한 사람 중 한 명이자 현대 음악에서도 중심이 되는 '화성학'의 창시자라는 사실도 아시나요?

전해지는 기록에 따르면, 피타고라스가 어느 날 대장간을 지나가고 있었는데 대장장이가 망치로 금속을 두들기며 나는 소리가 신기하게 듣기 좋아서 멈췄다고 해요. 가만히 대장장이가 일하는 모습을 유심히 보다가 피타고라스가 직접 망치를 때려보니 망치의 크기에 따라 소리의 높낮이가 달라지는 것을 발견했고, 특히 망치의 크기가 2:1, 3:2 등 자연수[2]의 비율로 차이가 나면 서로 듣기 좋은 소리, 즉 조화로운 화음이 들린다는 사실을 발견했다는군요!

그 후 피타고라스는 직접 자신이 만든 하프를 연주하며 음악의 소리를 분석했는데, 하프의 소리 역시 하프 현의 길이가 정수비만큼 차이가 날 때, 즉 길이가 2배, 3배 혹은 3:2 같은 비율을 유지할 때 가장 듣기 좋은 소리가 나왔다고 해요. 이를 바탕으로 피타고라스는 고대 그리스의 5도 음률을 바탕으로 한 피타고라스 음률, 지금의 표현으로 '피타고라스의 순정률'을 처음 만들었어요. 바로 여기서 서양 음악, 특히 화성학이 시작되었어요. 물론 음악이나 수학 고전 역사를 연구하는 학자들이 실제 조사한 바에 따르면, 피타고라

---

1) 무리수: 실수 중에서 유리수가 아닌 수. 즉, 두 정수 a, b의 비율인 꼴 a/b(b≠0)로 나타낼 수 없는 수를 말해요.
2) 자연수: 자연수는 양의 정수인 1, 2, 3, … 을 뜻하며, 사물의 개수를 셀 때 쓰이는 수여서 가장 '자연스러운 수'라고 할 수 있어요.

스가 대장간에서 겪은 일화는 허구거나 각색이 된 일화일 것이라고 말해요. 망치의 크기에 따라 음이 차이가 났다는 것은 결국 망치의 무게가 만드는 비율 때문인데, 피타고라스가 살았던 당시만 해도 무게를 고르게 배분해서 도구를 만드는 기술이 부족했을 것이라는 거죠. 또한, 망치는 어떻게 때리는지에 따라 소리가 많이 다르게 날 수 있으므로, 당시 기술력으로는 망치의 크기에 따라 좋은 화음을 내긴 힘들었다는 것이 중론이랍니다.

그러나, 하프 이야기는 사실일 가능성이 높다고 해요. 현악기는 광물을 녹여서 망치를 만드는 것보다 훨씬 쉽게 만들 수 있고, 줄의 길이가 2:1, 3:2인 음을 분석하는 건 어렵지 않기 때문이죠. 실제로 이를 바탕으로 피타고라스가 음률을 만든 건 사실이에요.
현대 음악 언어로 표현하자면 줄 길이가 2:1, 즉 두 배 차이가 나면 한 옥타브만큼 음이 달라지고, 3:2의 비율이면 가장 듣기 좋은 화음이라고도 하는 완전 5도의 화음을 낸다는 것을 발견한 것은 사실로 알려져 있어요.

이를 좀 더 이해하기 위해 우리에게 친숙한 7음계에서 도를 기준으로 그 길이를 1로 잡아 보아요. 참고로 진동수는 길이와 반비례해요. 길이가 2:1 비율로 절반일 때, 그 음은 기준음 '도'보다 한 옥타브 높은 '도' 음이 나옵니다. 길이가 3:2의 비율이 되면 '솔', 즉 완전 5도의 음이 나오죠. 4:3일 경우에는 4도 화음에 해당하는 '파'가 나와요. 그 외에도 뒷장의 사진과 같이 자연수의 간단한 비율로 7음계의 아름다운 음이 나오는 것을 알 수 있어요.

더 놀라운 사실은, 피타고라스가 이런 자연수 비율이 만들어 내는 아름다운 화음을 바탕으로 "만물의 근원은 수"라고 믿고 주장했다고 해요. 그는 듣기 좋은 음악 속에 이런 신기한 수학이 숨어있듯, 우주에는 천체들의 조화로움이 만들어 내는 천구의 음악(Music of the Spheres)이 존재하고, 이 음악이 결국 수학으로 이루어져 있다고 믿음을 가졌다는군요. 마치 위대한 수학자이자 과학자인 갈릴레오(Galileo Galilei)가 말한 "자연은 수학의 언어로 쓰여 있다."를 음악을 통해서 느꼈던 셈이지요. 이렇듯 수학자로만 알려진 피타고라스가 사실은 서양 음악과 화성학의 창시자였고, 이런 음악적 발견과 깨달음을 통해 '만물은 수'라는 철학을 갖게 되었던 걸 보면, 음악과 수학은 태생부터 떼려야 뗄 수 없는 학문이었어요.

실제로 중세 유럽에서는 피타고라스의 관점을 따라 음악을 수학의 일부로 보기도 했답니다. 대표적으로 당시 유럽의 대학 교육은 '교양 있는 지식인'이라면 알고 배워야 하는 학문으로 '자유 7학과'를 가르쳤다고 해요. 이는 문법, 수사학, 논리학으로 이루어진 3학(Trivium)과 산술, 기하, 천문, 음악으로 구성된 4과(quadrivium)로 이루어진 7개의 학문이었어요. 4과의 구성을 보면 당시에도 이미 음악과 수학, 음악과 과학이 다르지 않다는 것을 알고 있었던 것 같아요.

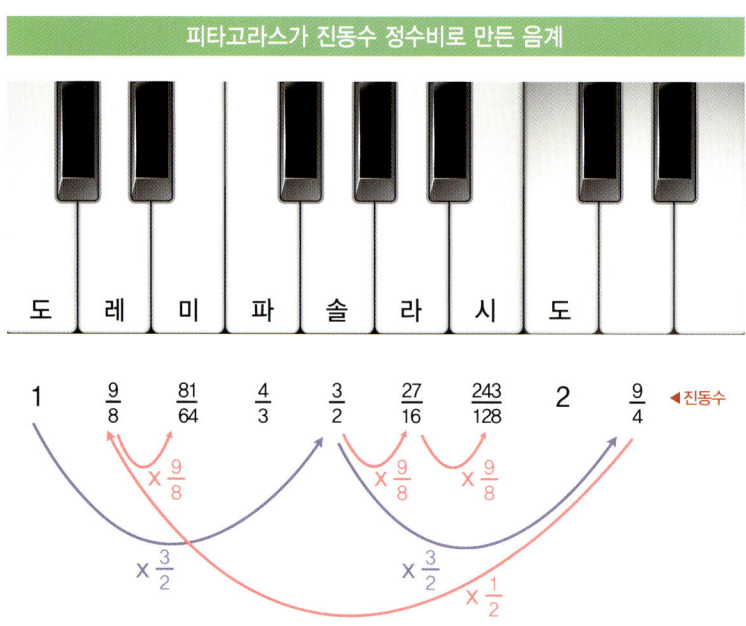

"인간의 어떠한 탐구도 수학적으로 보일 수 없다면 참된 과학이라 부를 수 없다."

- 레오나르도 다 빈치 (Leonardo da Vinci) -

피타고라스 _ Pythagoras

(기원전 570년 – 495년)

피타고라스(Pythagoras)는 기원전 6세기 중엽, 에게해 동쪽에 있는 사모스섬에서 태어났어요. 그의 아버지는 교육열이 높아 아들에게 최고의 교육을 받게 했죠. 그 덕분에 피타고라스는 어려서부터 다양한 분야에서 교양을 쌓을 수 있었어요.

피타고라스에게는 여러 명의 스승이 있었는데, 그중 가장 중요한 인물은 밀레토스학파의 창시자 탈레스(Thales)였어요. 그는 탈레스의 권유로 이집트로 가서 23년 동안 여러 신전의 사제들에게 기하학과 천문학을 배웠어요. 그가 이집트에 있는 동안 페르시아군이 이집트를 침공했어요. 페르시아군은 당시 이집트에 있던 모든 학자를 바빌론으로 끌고 갔어요. 피타고라스도 함께 끌려갔지만, 오히려 그는 이집트의 점성술사와 학자들로부터 방대한 양의 지식을 습득하고, 이집트 문명과 메소포타미아 문명을 두루 섭렵하는 등 전화위복의 계기로 삼았지요.

피타고라스는 고향을 떠난 지 40년 만에 사모스섬으로 돌아왔는데, 당시 사모스섬은 폭군 폴리크라테스의 폭정에 시달리고 있었어요. 자기 이상을 실현할 수 없다고 생각한 피타고라스는 기원전 532년경, 남이탈리아의 그리스 식민지 크로톤 섬으로 갔어요.
그는 이집트와 바빌론에서 얻은 경험과 지식, 사상을 크로톤 섬에 전파했어요. 많은 사람이 그를 따르면서 '피타고라스학파'라는 공동체를 이루게 되었어요. 피타고라스 공동체의 주된 연구는 수학과 종교였지만 가족, 생활법, 음악, 의술, 정치, 우주 생성론 등 다양한 분야에 관해 연구했지요. 또한, 많은 젊은이를 철학자와 정치가로 키웠고 다수를 정계에 입문시켰어요.

피타고라스는 물질의 본질이 수에 의해 결정된다고 보았어요. 그는 음악 역시 수로부터 분리될 수 없다고 생각해 음악을 과학적인 탐구 대상으로 바라보았죠. 그는 음악에 내재한 수의 법칙을 우주에도 적용했어요. 우주는 여러 개의 줄을 가진 거대한 현악기로, 이 우주 악기는 공전하는 별들이 위치한 거리의 비율에 따라 각기 다른 소리를 낸다고 봤어요. 우주의 조화와 근본 원리로서 이 비례 법칙을 우주에 적용한 '천구의 음악' 이론을 발표했어요. 이 이론에 따르면 별들이 움직이는 속도는 중심으로부터의 거리에 따라 달라져요. 중심에서 가까운 별은 느리게 움직이기 때문에 낮은 소리를 내고, 중심에서 먼 별은 빠르게 움직이기 때문에 높은 소리를 내요.

피타고라스는 그 자체로 완전한 조화를 이루는 우주 전체에서는 옥타브 소리가 난다고 믿었어요. 음악이 천체의 질서와 운동을 반영하고 있다는 피타고라스의 생각은 프톨레마이오스와 보이티우스 같은 천문학자와 철학자에게로 이어졌어요. 천구의 음악 이론은 망원경이 발명되기 전까지 천문학자들의 우주론에 큰 영향을 끼쳤으며, 음악 이론 발전에도 중요한 역할을 했어요.

피타고라스에게 '수'는 물질 세계는 물론, 영적인 세계의 수수께끼를 푸는 열쇠였어요. 피타고라스가 죽은 후, 그의 제자들은 만물의 원리를 수에서 찾는 그의 사상을 전파하고 발전시키기 위해 애썼어요. 그 결과 기원전 5세기 말에 이르러서는 피타고라스 학파의 이론과 사상이 유럽 전역으로 널리 퍼지게 되었어요.

2장. 평균율로 음악에 새로운 변화를 불러온 메르센

피타고라스 이후 음악에 새로운 변화를 불러온 이가 있어요. 바로 프랑스의 수도사이자 수학자였던 마랭 메르센(Marin Mersenne)이에요. 1588~1648년까지 살았던 그는 데카르트(René Descartes), 갈릴레이(Galileo Galilei), 페르마(Pierre de Fermat), 파스칼(Blaiss Pascal) 등 당대의 학자들과 활발히 교류하며 다양한 수학적 발견을 했어요. 그중 가장 잘 알려진 것이 암호화에 사용되는 '메르센 소수(Mersenne prime)'이죠. 메르센은 음향학에도 관심이 많아, '우주의 조화'라는 음향학에 관한 책을 펴내기도 했어요. 그러나 무엇보다 메르센이 음악사에 남긴 가장 위대한 업적은 바로 '평균율'이라는 개념이랍니다.

앞서 피타고라스의 발견에 관한 이야기를 하며, 피아노의 기준음 '도'에서 시작하여 각 음 사이의 길이 비율을 유리수로 설정하고 음률을 일정하게 만든 것이 음성과 화성학의 시초라고 이야기했던 것을 기억하실 거예요. 최대한 단순하게 만든 음률을 '순정률'이라고 해요. 가장 단순하면서도 아름다운 화음을 만들어 낼 수 있는 놀라운 발견이었지만, 지나치게 단순하다 보니 음률마다 간격이 일정하지 않았죠. 또한, 여러 번 겹치거나 조바꿈 같은 복잡한 기법을 사용하면 불협화음이 날 수밖에 없는 한계가 있었어요. 피타고라스 시절 이후 악기가 발전하면서 지금까지의 순정률로는 표현할 수 없는 화음들이 생겨난 거죠.

메르센은 이 문제를 해결하기 위해 평균율을 만들어 냈어요. 피타고라스가 만든 순정률과 비슷하지만 '단순한 자연수의 비율'은 어느 정도 포기했죠. 또한, 무리수의 비율로 만들면서 음과 음 사이 간격이 동일하게 이루어질 수 있도록 했어요. 피아노에는 하얀 건반과 검은 건반이 있어요. 도에서 도까지의 한 옥타브는 7개의 흰 건반과 5개의 검은 건반, 즉 12개의 음으로 이루어져 있죠. 이때 이 음과 음 사이를 반음이라고 해요.

메르센은 평균율을 통해 바로 이 12개의 반음이 균등하게 배분될 수 있게 만들었어요.

음정이 반음씩 올라갈 때마다 진동수가 무리수인 1.06의 배가 되게 했어요. '도'가 기준인 다장조가 아닌 어떤 조바꿈을 하더라도 음과 음 사이에 같은 비율로 차이가 날 수 있게 함으로써 곡의 전조를 가능하게 만들었어요. 이는 여러 악기와 여러 성부가 어우러지는 오케스트라가 가능해지는 발판을 만들어 주었죠. 물론 단순한 정수[3]들로 만들어진 유리수[4] 비율을 포기한 만큼 더 이상 피타고라스의 순정률처럼 완벽한 화음을 만들어 내지는 못하게 되었지요. 하지만, '평균율'이라는 이름에서 볼 수 있듯 음정의 기준이 되어줄 수 있는 평균을 잡아주게 되어 음악 발전에 지대한 영향을 끼쳤어요. 지금의 음악 역시 메르센 평균율을 기반으로 하고 있다는 것은 피아노의 열두 반음만 봐도 알 수 있어요.

---

3) 정수: 음(陰)의 정수(…,−3,−2,−1), 0, 양(陽)의 정수(1,2,3,…)를 합한 것, 즉 자연수 전체에 그 역원과 0을 합한 것이에요.

4) 유리수: 실수(實數) 중에서 정수(整數)와 분수(分數)를 합친 것을 말하는데, 두 정수 a와 b(b≠0)를 비(比) a/b(분수)의 꼴로 나타낸 수를 말해요.

마랭 메르센 _ Marin Mersenne
(1588년 9월 8일 – 1648년 9월 1일)

마랭 메르센(Marin Mersenne)은 프랑스 출신의 수도사이자 철학자이며 수학자예요. 메르센의 대표적인 수학 업적으로는 소수[5]와 정수론에 관한 연구가 있어요. 1644년 그가 처음으로 제안한 공식은 모든 소수값 p에 대해 소수를 만들어 내는 것은 아니었어요. 하지만, 소수를 연구하거나 새로운 소수를 찾아내는데 관심을 불러일으켰고, 모든 소수를 나타내는 공식을 유도하기 위한 선구적 역할을 한 그의 이름을 딴 '메르센 소수'[6]가 있어요.

메르센은 1611년 파리 미니의 로마 가톨릭 탁발수도회에 가입했고, 1614~19년에는 네베르에 있는 미니 수도회에서 철학을 가르쳤어요. 연금술·점성술 등과 관계된 신비로운 기예에 대해서는 극렬히 반대했지만 르네 데카르트의 철학과 갈릴레오의 천문학 이론을 옹호하는 등 과학 분야에는 열정적이었어요.

메르센은 수학뿐만 아니라 철학, 과학 등 당대 여러 학문 분야에서 박학다식했던 지식인 중 한 명이었으며, 본인 연구에만 몰두하지 않고, 유럽의 다양한 철학자, 과학자와 활발히 교류하며 소식과 지식을 전달하고 공유했어요. 그는 데카르트, G. 데자르그, P. 페르

---

[5] 소수: 1과 자기 자신만으로 나누어 떨어지는 1보다 큰 양의 정수. 예를 들어, 2, 3, 5, 7, 11, 13, 17, 19, 23, 29, 31,… 등은 모두 소수예요.

[6] 메르센 소수: 메르센 소수라는 이름은 2^n-1 꼴의 수를 연구했던 17세기 프랑스 수학자 마랭 메르센(Mersenne, M. :1588~1648)의 이름을 따라 지어졌는데, 이는 2의 거듭제곱에서 1을 뺀 수가 소수일 때를 말해요. 즉 메르센 소수는 = 2^n-1을 만족하는 소수이며, 예를 들어 $2^2-1 = 3$, $2^3-1 = 7$, $2^5-1 = 31$ 등이 해당해요.

마, B. 파스칼, 갈릴레오 등 저명한 인물들과 정기적으로 만났으며, 긴 서신을 주고받았어요. "새로운 발견을 메르센에게 알려주는 것은 그 발견을 유럽 전역에 출판하는 것을 뜻한다"라는 이야기가 있을 정도였죠. 그만큼 메르센은 유럽의 지식인들과 활발히 교류했고, 메르센을 통해 많은 수학, 철학의 문제가 다양한 사람에게 전파되었어요. 메르센의 이러한 활동은 유럽의 지성사 발전에 크게 기여했어요.

메르센은 '메르센 소수'로 유명하지만, 이외에도 기하학 곡선인 사이클로이드(cycloid)도 연구했고, 네덜란드 물리학자 C. 호이헨스에게 추를 시간 장치로 사용해 볼 것을 제안해 추 시계를 만드는 데 공헌했어요.

저서로 〈우주의 조화 Harmonie universelle, 1636~1637〉가 있어요.

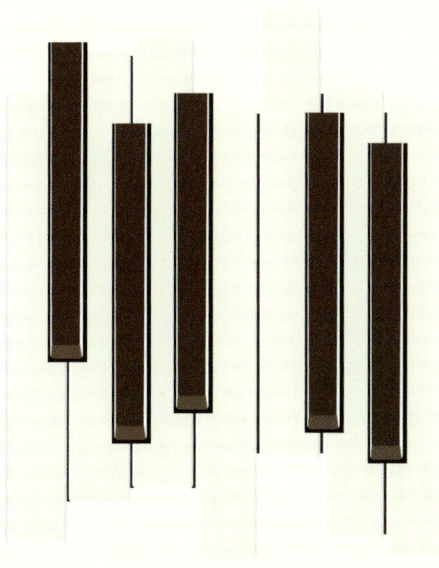

3장. 14를 사랑한 음악의 아버지 바흐

앞에서 잠깐 소개했던 바흐(Johann Sebastian Bach)는 음악 역사를 논할 때 빼놓고 이야기할 수가 없죠. 바흐는 무려 1천 곡 이상의 작품을 작곡했을 정도로 천재이자 다작가였어요. 후대 음악가들, 나아가 21세기 지금까지도 교과서처럼 내려오는 음악 작곡의 여러 문법을 만들고 설립한 사람이기도 하죠. 그래서, 세상 모든 음악이 사라져도 바흐의 음악이 남아있으면 그로부터 모든 음악을 다시 만들어 낼 수 있다고 할 정도랍니다.

그런데, 바흐에 대해 사람들이 잘 모르는 사실이 하나 있어요. 바로 바흐가 수학적 규칙에 굉장히 관심이 많았으며, 그의 음악 역시 이런 그의 성향을 잘 보여준다는 점이에요. 사실 바흐 음악이 가지는 규칙성과 대칭성, 그리고 '교과서적이다'라고 말할 만큼 범용적이라는 점을 생각하면, 그의 음악에서 수학이 가지는 인상이나 가치가 맞물려 보이는 것이 이상하지만은 않아요.

바흐의 곡들에는 과연 어떤 수학들이 숨어져 있기에, 우리는 지금도 그의 곡에서 규칙을 찾을 수 있는 건지 슬슬 궁금해지지 않나요? 우리가 그가 평생동안 작곡한 모든 작품을 논할 수는 없겠지만, 대표적인 두 곡, '골드베르크 변주곡'과 '클라비어 곡집'을 가지고 그의 음악 속에 숨겨진 수학을 얘기해 보려 해요.

먼저 골드베르크 변주곡을 살펴볼까요? 바흐가 1741년에 작곡한 이 작품은 가장 대칭적인 음악으로 알려져 있어요. 여기서 말하는 '대칭'이란 무엇일까요? 일상에서 우리는 어떤 것이 균형이 맞거나, 변형해도 원래 모습과 같으면 이를 대칭적이라고 말해요. 대칭은 시각적 대칭에서 가장 쉽게 찾아볼 수 있어요. 예로 거울에 비치는 우리 모습이나, 회전해도 같은 모양인 눈송이를 들 수 있어요. 특히 육각형 모양의 눈송이 결정체는, 반사대칭과 회전대칭이라는 규칙적인 구조를 동시에 보여줘요.

육각형 모양의 눈송이 결정체

이 외에도 성벽의 조각이나 벽지, 혹은 그림이나 옷 디자인 등 우리는 여러 부분에서 다양한 대칭적 예술작품이나 디자인을 마주할 수 있어요. 대칭을 이룬다는 것은 규칙성 때문이죠. 거울 속에 왼손과 오른손이 서로 다른 모양을 하고 있으면 대칭이 깨지고, 대칭으로 디자인된 성벽의 모양 중 한 개만 잘못 조각되어도 벽의 대칭성은 깨지게 될 것이예요.

대칭의 궁전이라 불리는 스페인 알람브라 궁전에 있는 다양한 대칭 형태의 내부 벽화

수학 시간에 반사대칭이나 회전대칭, 평행이동 등을 배우는 것은 이러한 대칭성이 예술적 대상이면서 동시에 수학적 대상이기도 하기 때문이죠. 실제로 미술가나 조각가들은 대칭적인 대상을 만들기 위해 수학을 배워야 했어요. 음악이 미술품이나 조각품의 시각적 대칭만큼 인식하기는 힘들지만, 음악에도 생각보다 많은 규칙과 대칭성이 존재해요.

그중에서도 지금 이야기하려는 바흐의 골드베르크 변주곡은 가장 훌륭한 대칭적 음악 중 하나라고 하는데요, 대략적인 구성은 다음과 같아요. G 장조의 아리아로 시작하는 이 작품은 아리아를 기반으로 30개의 다양한 변주곡이 나온 뒤, 처음 나왔던 아리아가 마무리해요. 이렇게 첫 주제(아리아)-30개의 변주-주제(아리아)로, 총 32개의 곡으로 구성되어 있죠. 첫 아리아와 15개의 변주곡을 1부로, 16번 변주곡부터 시작하는 후반 15개의 변주곡과 마지막 아리아를 2부로 나눌 수 있어요. 이 곡의 규칙성에서 우리는 바흐의 위대함을 볼 수 있어요. 먼저 바흐는 골드베르크 변주곡의 시작과 끝을 같은 선율로 장식하여, 마치 원이 순환하듯 음악의 흐름을 상기시켜요. 그리고 남은 30개의 변주곡은 다시 3개의 변주씩 묶어 한 조를 이뤄 10개의 흐름을 만들죠. 그중 각 3번째 악장, 즉 3, 6, 9, 12 등 3의 배수에 해당하는 변주곡들은 '카논(canon)'이라고 부르는 형태의 변주곡으로 구성했어요. 여기서 카논이란 우리가 흔히 '돌림노래'라고 부르는, 하나의 선율이 일정한 시간차를 두고 반복하는 규칙적인 형태의 음악을 말해요. 바흐는 이 변주곡에서 3번째 악장마다 카논으로 선율 속에 규칙성을 넣었어요.

바흐의 규칙은 여기서 끝나지 않아요. 바흐는 3번째 악장에 해당하는 첫 번째 카논에는 1도 카논, 즉 여러 개의 겹치는 선율이 같은 음으로 반복하는 카논을 넣었고, 6번째 악장에 해당하는 두 번째 카논에는 첫 선율이 반복하는 구간의 두 번째 음을 한 음 높게 만들어 2도 카논이 되도록 하여, 반복하는 선율이 서로 2도 화음을 이루게끔 구성했어요. 9번째 악장에 해당하는 3번째 카논은 3도 카논을 이루게 했죠. 이렇게 카논 안에서 반복하는 선율은 계속해서 음이 높아지다가 8번째 카논이 되면 8도 화음, 즉 한 옥타브만큼 올라가서 다시 원래 음이 느껴지도록 하는 멋진 구성으로 이루어져 있어요. 마치 펜로즈 계단이나 에셔(Escher)의 모순적인 그림인 '상승과 하강'에서 느껴지는 대칭성을 음악으로 구현해 낸 것이죠.

무한히 올라가거나 내려가지만 결국 끝없이 순환하는
착시적인 모순을 담고 있는 펜로즈 계단

더 놀라운 사실은, 바흐는 마지막 30번째 변주에 그동안 세 개 악장마다 반복했던 '카논' 대신 '쿼드리베트(quodlubet)', 즉 자유롭게 연주하는 형식의 변주곡으로 마무리하여 무한히 쌓아 올릴 것만 같았던 수학적 화음을 한순간에 무너뜨리며 대서사시를 마무리해요. 이 외에도 바흐는 원래 선율을 대칭시킨 형태의 화음을 넣는 등, 하나의 주제를 바탕으로 30개나 되는 변주를 만들었음에도 각 곡의 개성과 특징이 뚜렷하게 들리는, 그러면서도 전혀 산만하거나 무질서하지 않고 규칙이 느껴질 수 있는 놀라운 곡을 만들었어요. 곡 전체에 거대한 수학적 구조를 숨겨놓은 셈이죠.

바흐의 수학적 직관을 볼 수 있는 다른 작품은 "평균율 클라비어 곡집(Das Wohltemperierte Klavier)"예요. 전해지는 이야기에 의하면 바흐는 이 곡집을 학습용 교재로 쓸 것을 염두에 두고 작곡했으며, 이를 위해 피아노의 각 건반 하나하나를 기준으로 하는 모든 장조와 단조로 전주곡과 푸가를 만들었다고 해요. 이 곡집을 통해 바흐는 본인이 추구했던 수학적 음악, 곧 음악의 기본 문법이라고 할 만한 화성학이나 다양한 규칙적인 곡의 구성을 다른 음악가들도 잘 배우고 따라 할 수 있게 되길 바랐죠.

요한 세바스찬 바흐는 '평균율'의 영향을 받은 대표적인 작곡가로 알려져 있기도 해요. 그는 이 곡집을 통해 메르센의 12등분 평균율을 더욱 발전시키고, 평균율이 음악의 기초가 될 수 있도록 하였어요. 또한, 이를 바탕으로 다양한 음악 기법을 창조하여 위대한 작품들을 남겼죠.

위대한 작곡가 중 베토벤(Ludwig van Beethoven)은 바흐를 "화성의 신이다."라고 했다고 전해지며, 또 다른 위대한 작곡가인 슈만(Robert Alexander Schumann)은 "대가의 푸가를 매일 연습하라. 바흐의 '평균율'은 우리의 일용할 양식이다."라는 말을 남겼다고 해요. 실제로 세상 모든 음악이 사라져도 바흐의 '평균율' 책이 있다면 다시 복원할 수 있을 거라는 우스갯소리도 있을 정도로, 가장 기본적인 화음이자 무한한 조합을 할 수 있는 퍼즐 조각 같은 음악을 남겼답니다.

앞에서 만났던, 역사적으로 중요한 수학자 피타고라스와 메르센이 음악에 관심이 많았던 수학자들이라면, 역사상 위대한 작곡가 중 한 명인 바흐는 반대로 수학에 관심이 많았던 음악가였어요. 실제로 바흐는 수학과 숫자에 대한 집착이 유별났다고 해요. 그의 이런 수학적 규칙성에 대한 집착은 음악뿐만이 아니라 삶에서도 드러났는데, 이를 보여주는 것이 그가 특히 좋아했던 숫자 '14'와 '84'라는군요.

먼저 숫자 '14'가 자신의 이름인 BACH에 숫자에 대응하여 합한 수라 좋아했다고 해요. A=1, B=2, C=3처럼 알파벳을 숫자에 대응하면 B+A+C+H=2+1+3+8=14가 돼요. 단순히 좋아한 수준을 넘어 바흐 작품 곳곳에서 우리는 '14'의 흔적을 찾을 수 있어요. 바흐는 숫자 '84'도 좋아했는데, 자신이 좋아하는 숫자 '14'에 천지창조에 걸린 날짜 '6'을 곱한 수라서 좋아했다고 해요. 바흐의 숫자와 규칙에 대한 사랑은 평균율 외에도 그의 작품 곳곳에 녹아내려 있었고, 창작의 영감이 되었다는군요. 어쩌면 이런 수학적 규칙에 대한 직관과 집착이 위대한 음악가에게 영감의 원천이었을지도 몰라요. 음악의 아버지를 있게 한 영감에 수학이 있었다는 사실에 절로 놀라게 돼요.

미술과 수학 개념을 결합한 화가

모리츠 코르넬리스 에셔(Maurits Cornelis Escher, 1898~1972)는 네덜란드 출신의 저명한 판화가로, 미술과 수학의 개념을 결합한 것으로 유명해요. 그는 중등학교 시절 수학과 과학을 잘하지는 못했지만, 그의 재능을 알아본 미술 교사의 가르침을 받아 대학에서 건축을 전공했어요. 이후 그는 담당 교수의 권유로 그래픽 아트에 전념했고, 그 결과 수학적 원리를 시각적으로 표상화하는 놀라운 능력을 보여 당시는 물론이고 오늘날까지도 많은 수학자의 존경을 받고 있어요.

에셔는 정다면체, 플라톤 입체[7], 위상기하학[8]의 시각적 측면 등을 이용하여 다양한 수학적 패턴을 작품으로 구현한 화가예요. 그는 1936년 알함브라 궁전(Alhambra Palace)의 이슬람 무어인들의 기하학적 미술 작품을 본 후 수학적 패턴에 관심을 두게 되었죠. 그는 공간기하학과 공간 논리를 이용하여 평면에 표현한 구조(유클리드 기하[9])와 사영기하학[10](비유클리드 기하)에 매료되었어요. 그는 반복되는 기하학적 패턴을 이용해 대칭의 미를 느낄 수 있는 테셀레이션(tessellation)[11] 작품을 많이 남겼고, 기본도형을 이용하여 놀라운 패턴을 만드는가 하면 반사, 평행이동, 회전이동 등을 이용하여 여러 가지 유형을 연구하였어요. 또한 〈비대칭으로 합치하는 다각형을 이용한 평면의 규칙적 분할〉이라 이름 붙인 수학적 발견을 하는 등 수학적인 면모도 보여주었어요.

---

7) 플라톤 입체: 플라톤의 입체도형은 정다면체로 볼록 다면체 중에서 모든 면이 합동인 정다각형으로 이루어져 있으며, 각 꼭짓점에서 만나는 면의 개수가 같은 도형을 말해요. 무수히 많이 존재할 수 있는 정다각형과는 다르게 정다면체는 정사면체, 정육면체, 정팔면체, 정십이면체, 정이십면체 총 다섯 종류만 존재해요.

8) 위상기하학: 공간의 일 대 일, 연속 그리고 그 역도 연속인 사상(寫像)에 대하여도 불변인 성질, 즉 위상적 성질을 연구하는 기하학이에요. 20세기 수학의 특징인 대역적(大域的)인 성격을 단적으로 나타내고 있다는 의미에서 현대수학을 대표하는 것으로서 다른 여러 분야에도 큰 영향을 미치면서 더욱 다채로운 차원(次元)으로 발전하고 있어요.

9) 유클리드 기하: 유클리드 기하학은 그리스의 수학자 유클리드가 『원론』에서 전개한 10개의 공리 및

테셀레이션의 쪽맞추기

공준, 또는 이 체계를 수정(평행선의 공준의 대치)한 것을 바탕으로 한 점·선·각·표면·입체 등에 대해 연구한 내용을 말해요. 유클리드 기하학은 공간에 대한 수학으로서의 내용만큼이나 유클리드가 수학을 소개하고 발전시키기 위해 사용했던 체계적인 연역적 방법으로 유명해요.

10) 사영기하학: 도형의 성질 중 사영변환에 의하여 변하지 않는 성질을 대상으로 하여 연구하는 기하학이에요. 유클리드기하학과 비유클리드기하학을 포함해요.

11) 테셀레이션: 테셀레이션은 우리말로는 쪽맞추기라고 하며, 같은 모양의 조각들을 서로 겹치거나 틈이 생기지 않게 늘어놓아 평면이나 공간을 덮는 것을 말해요. 타일링, 타일깔기, 또는 쪽매붙임이라고도 하죠. 테셀레이션은 우리의 생활 주변에서 많이 활용되고 있는데, 포장지, 궁궐의 단청, 거리의 보도블록, 욕실의 타일 바닥 등에서 쉽게 찾아볼 수 있어요.

푸 가

바로크 음악을 대표하는 푸가(Fugue)는 두 개 이상의 독립적인 선율을 조화시키는 대위법에 따라 곡을 구성하는 작품 형식과 이러한 곡에 대한 작곡 기법을 의미해요. 우리에게 익숙한 바흐가 푸가의 대가였고, 〈평균율 클라이어곡집〉, 〈푸가 기법〉 등을 남겼어요. 푸가라는 단어가 처음 사용된 곳은 14세기 무렵 쓰인 〈음악의 거울 speculum musicae〉이라는 음악 이론서예요. 리듬과 선율의 모방기법으로 이루어지는 푸가는 르네상스에 이르러 종교음악으로까지 확대되었고, 16세기에 이르러 이탈리아에서 리체르카네와 칸초네 등으로 오늘날의 푸가가 태동했으며, 독일로 이 형식이 넘어오며 본격적으로 발전하기 시작했어요. 요한 세바스티안 바흐에 이르러 푸가 형식이 더욱 발전했고 표현 기법은 절정에 도달했어요.

푸가는 역사에서 유형과 시기에 따라 다양한 형태로 만들어졌지만, 원래는 매우 엄격한 규칙을 따랐어요. 푸가의 양식을 살펴보면 대개 주제(subject)가 반주 없이 먼저 등장하여 이것이 다른 성부로 이어지는 양식으로 대개 진행되죠. 주제 음역은 보통 1옥타브로 이루어지지만, 길이나 성격은 간단한 동기(motive)로 이루어진 것부터 여러 음으로 구성되는 화려한 선율을 이루는 것까지 다채로워요. '제시'(exposition)라고 불리는 주제의 도입과 진행은 대개 으뜸조로 이루어지는데, 주제가 성부마다 음높이를 달리하여 이루어진다는 특징이 있어요. 전형적인 바로크 푸가처럼 나중에 다른 성부에서 등장하는 주제는 맨 처음에 등장한 주제와 대개 4도, 5도, 옥타브 음정 관계예요. 두 번째 나오는 주제를 보통 '응답(answer)'이라고 해요.

제시부에는 대(對)주제(countersubject)도 나와요. 대주제의 대(對)는 대위법의 '대'로, 주제에 연결되어 나오는 응답과 대위를 이루며 나오는 선율이지요. 독자적인 선율을 가지는데, 바로 이 부분 때문에 푸가의 묘미가 살아나죠. 또한, 푸가가 발전하는 데 중요한 역할을 했어요. 참고로 만약 푸가의 주제가 처음 등장할 때 대주제가 함께 나타나면 이 대주제를 '부주제'라 하며 이런 푸가를 '이중 푸가'라 불러요.

주제들 사이에는 '에피소드'라 불리는 악구들이 들어가기도 하는데 반드시 에피소드가 있는 것은 아니에요. 에피소드의 음들은 주제나 대주제, 혹은 코데타(codetta: 주제와 응답 사이의 연결 부분)에서 유래해요. 제시부가 4개 이상이고 그사이마다 에피소드가 있을 때도 있는데, 이 경우 중간 제시부들은 관계 조로 풍부한 전조를 보여주는 경우가 흔해요. 그리고 다시 마지막 제시부에서는 다시 으뜸조로 돌아와요.

마지막 부분에서 푸가의 음악은 정점에 도달하지요. 이때는 주제와 음들을 겹치게 해 강도를 높인 '스트레토'나 여러 성부가 베이스에 있는 하나의 지속음 주위를 움직이며 해결에 앞서 일련의 불협화음을 만들어 내는 '페달 포인트' 같은 악구를 쓰기도 해요. 만약 이러한 악구가 좀 더 늘어나면 이를 '코다(coda)'라고 말해요.

바흐 _ Johann Sebastian Bach
(1685년 3월 31일 – 1750년 7월 28일)

요한 세바스찬 바흐(Johann Sebastian Bach)는 지금의 독일인 신성 로마 제국의 작곡가이자 오르가니스트(오르간 연주가)이며, 모차르트, 베토벤과 함께 역사상 위대한 작곡가 중 한 사람으로 여겨지는 음악가이기도 해요. 역사적으로는 바로크 시대 사람으로, 바로크 시대를 완성한 사람으로 평가되며, 당대에 존재했던 거의 모든 음악의 영역에 흔적을 남겨서 '음악의 아버지'라 불리는 대가랍니다.

바흐는 음악가들이 생계를 위해 끊임없이 작곡해야 했던 시기에 자기 위치에서 할 수 있는 한 광범위하고 다양한 장르의 음악과 기법을 모두 포용했으며, 그 안에서 모든 음악적 가능성을 탐구했어요. 또, 독일의 대위법과 이탈리아의 화성적, 선율적 요소를 자기 음악 속에 이상적으로 결합했어요. 바흐는 응집력 있는 독특한 주제, 풍부한 음악적 상상력, 화성과 대위법 간 균형, 강력한 리듬, 명료한 형식, 웅장하면서도 균형 잡힌 구조, 상징적인 음형의 사용, 강렬한 표현 등 세세한 부분까지 주의 깊게 처리하고자 했어요. 이런 바흐의 태도는 그의 음악을 매우 심오하고 지속적인 호소력을 지닌 것으로 만들었어요.

더불어 바흐는 수학적 직관을 통해 작곡의 기본 규칙, 기본 문법을 완성한 위대한 음악가이기도 해요. 기교와 정교함을 넘어 다양한 음악을 융합하고 창조한 독창적 창의성은 그의 음악에 깊이 녹아 있어요. 이러한 점 때문에 지금까지도 바흐가 남긴 음악에 관한 수많은 해석과 연주법, 감상법이 연구되고 있는 것이 아닐지 생각하게 돼요.

"수학은 인종도 지정학적 경계도 없다.
수학에 있어 문명사회는 하나의 나라다."

− 데이비드 힐버트 −

4장. 피보나치수열과 황금비로 음악을 만든 작곡가 버르토크

1, 1, 2, 3, 5, 8, 13, 21, 34, 55, 89,… 마지막 두 숫자의 합으로 다음 숫자를 만들어 내는 피보나치수열은 어쩌면 수학에서 나오는 수열 중 가장 널리 알려진 수열일지도 몰라요. 그리고 이 수열에 나오는 연속한 숫자 중 작은 수로 큰 수를 나누었을 때 나오는 값, 즉 3/2, 5/3, 8/5 등의 숫자가 약 1.618로 알려진 황금비로 수렴한다는 것 역시 재밌는 사실이죠. 앞서 나왔던 대칭처럼, 황금비 역시 다양한 예술작품에서 찾아볼 수 있는 수학으로 알려져 있어요.

물론 엄밀히 말하면 그중 몇 개는 수학이라기보다는 수비학[12], 혹은 그냥 우연한 것들이 있어요. 음악에도 그런 흥미로운 이야기가 많아요. 예를 들어 피아노의 한 옥타브는 도에서 도까지 5개의 검은 건반과 8개의 하얀 건반, 총 13개의 건반으로 이루어져 있는데, 이 5, 8, 13 같은 숫자들은 다 피보나치 숫자라는 그런 우연 같은 이야기들이 있어요.

"빠빠빠 빰", 강렬한 멜로디로 시작하는 베토벤의 '운명 교향곡'을 한 번쯤 들어보셨을 거예요. 이 곡에는 맨 앞에 나오는 이 멜로디가 앞에서 337소절, 뒤에서 233소절에 다시 등장해요. 이 '233'과 '377'이라는 숫자는 각각 피보나치수열의 13번째, 14번째 수로 클라이맥스 부분이 적절히 황금비를 이루며 전체 악장을 나누고 있다고 해요. 베토벤이 의도적으로 설계한 것인지, 듣기 좋은 음악을 만들다 보니 자연스럽게 황금비를 이루며 배분이 된 것인지는 알 수 없지만 놀라울 따름이에요. 레오나르도 다빈치가 미술 작품에서 황금비 자체를 활용하여 그림을 그리거나 조각했던 것처럼 '피보나치수열'을 음악과 작곡에 직접 활용한 사람들도 있답니다.

---

12) 수비학: 수비학(數祕學, numerology)은 숫자와 사람, 장소, 사물, 문화 등의 사이에 숨겨진 의미와 연관성을 공부하는 학문이다. 칼데아의 수비학, 피타고라스의 수비학, 카발라의 수비학(게마트리아·노타리콘) 등이 있다.

그 대표적인 사람이 현대 음악의 창시자로 불리는 헝가리 작곡가 버르토크 벨라(Bartók Béla)예요. 버르토크 벨라는 뛰어난 작곡가이자 현대 음악 이론가이고, 평생 세계 각지의 민요들을 수집하고 연구한 음악학자였다고도 해요. 작곡가이자 이론가이며 학자였던 사람답게 그의 작품 역시 바흐처럼 수학적 원리를 응용한 정교한 구성이 특징이죠. 그는 자연에서도 발견되는 수학이자 문화예술 속에 이미 널리 알려진 피보나치수열이나 황금비를 바탕으로 음악을 만들면, 아름다운 음악이 나올 것이라 기대해 이를 기반으로 한 다양한 작품을 만들었다고 해요. 이러한 그의 작곡 기법은 오늘날 작곡을 전공할 때 반드시 공부해야 하는 기법으로 여겨지고 있어요.

버르토크가 이러한 특성을 처음 반영하기 시작한 것은 1911년에 만든 "알레그로 바르바로(Allegro Barbaro)"라는 곡이었어요. 이 곡에서 버르토크는 악곡의 클라이맥스 부분을 곡의 황금분할 지점에 배치하고, 한 마디 내에서의 리듬을 구성할 때도 피보나치수열을 적용하였다고 해요. 예를 들어, 4/4박자 한 마디가 8개의 8분음표로 분할되는 2-2-2-2의 정상적인 분할 대신 3-2-3, 2-3-3, 3-3-2 등으로 분할 한 것이죠.

1936년 쓴 "현악기, 타악기, 첼레스타를 위한 음악"이라는 곡도 피보나치수열을 향한 그의 집념을 상징하는 곡이랍니다. 먼저 1악장은 총 89마디로 이루어져 있고, 그중 55번째 마디 안에 클라이맥스 부분을 두었다고 해요. 55와 89는 바로 연속하는 두 개의 피보나치 수예요. 또한, 3악장은 실로폰(글로켄슈필) 소리로 시작하는데, 이 실로폰의 리듬 역시 피보나치수열로 구성되어 있어요.

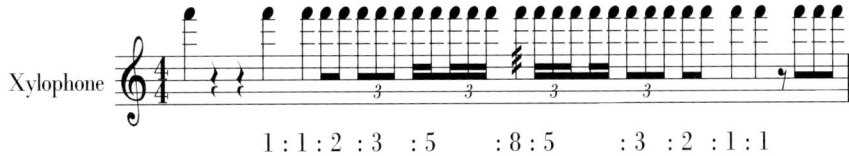

앞장의 실로폰 악보를 보시면, 두 번째 마디부터 리듬을 1, 1, 2, 3, 5, 8, 5, 3, 2, 1, 1 형식의 피보나치 수로 구성된 회문[13] 대칭 구조로 만들었어요. 버르토크는 이런 식으로 '피보나치수열'을 본인 작품 곳곳에 사용했답니다. 특히 음의 수직적 구조(화음의 구성)와 수평적 구조(곡 전체의 구성)에 모두 사용했는데, 이를 한눈에 보여주는 그림이 있어요.

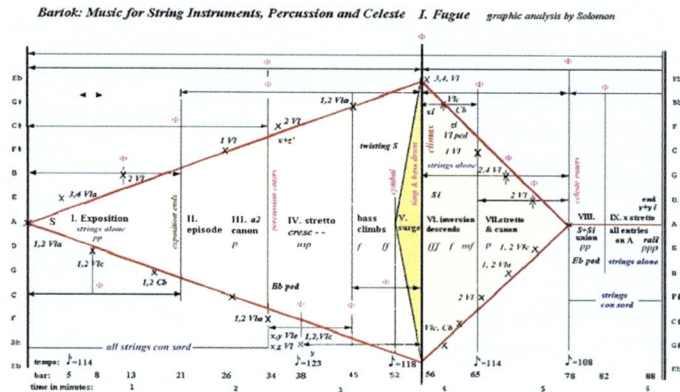

버르토크가 '현악기, 타악기, 첼레스타를 위한 음악'의 1악장을 어떻게 수학적으로 구성했는지 보여주는 다이어그램이에요. 흔히 버르토크의 음악을 '음악 기하학'이라고 부르기도 하는데, 이 정도면 정말 수학 논문이라고 해도 될 것 같네요. 여러분이 보실 땐 어떠세요?

'피보나치수열'은 이런 악보 구성 말고도 재미있는 활용이 있어요. 마치 바흐가 자기 이름, BACH의 알파벳과 숫자를 연결해 14를 만들어 낸 것처럼, 피아노 건반에 번호를 매겨 피보나치수열을 연주하는 것이죠. 피보나치 수를 '1123581321345589'로 이어지는 끝없는 숫자로 가정하고, 그 번호에 해당하는 건반을 마치 숫자 누르듯이 치는 거죠. 그러면 예상치 못했던 음악이 완성돼요.

---

13) 회문: 회문(回文)은 거꾸로 읽어도 제대로 읽는 것과 같은 문장이나 낱말, 숫자, 문자열 등을 말한다.

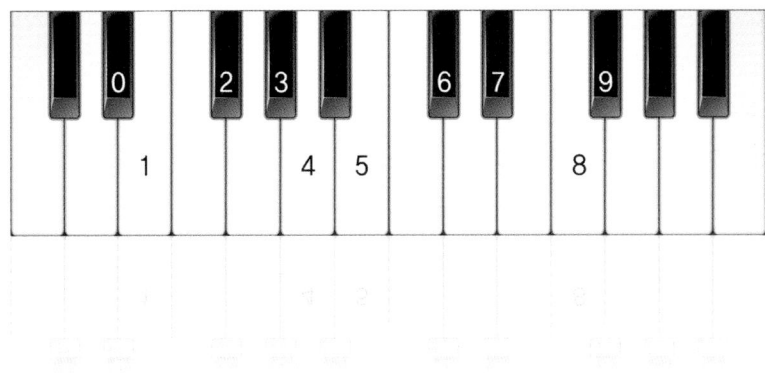

예전에 '피보나치 수 연주하기'라는 영상이 화제가 된 적이 있어요. 이 영상에서 피아니스트는 사진처럼 건반마다 숫자를 부여하고, 피보나치 번호에 맞춰 음을 누르며 감미로운 음악을 만들어 내 많은 사람을 놀라게 했어요. 2022년 개봉했던 한국 영화 '이상한 나라의 수학자'에서도 이런 원리를 적용해 만든 '파이(π)송'이 등장해 화제가 되기도 했죠. 이 영화에서 최민식 배우가 연기한 탈북 수학자 이학성은 3.14159265…. 로 이루어진 원주율의 숫자로 만든 파이송을 피아노로 연주하며 수학이 음악처럼 아름다울 수 있음을 보여줬지요. 이 장면은 영화의 가장 명장면으로 꼽히기도 해요.

사실 이런 파이송을 만든 건 이 영화가 처음이 아니랍니다. 세상에는 다양한 파이송이 존재하는데, 이 곡을 직접 작곡한 이지수 음악감독은 영화에 어울리는 감미로운 파이송을 만들기 위해 큰 노력을 기울였다고 해요. 수학에는 피보나치수열과 파이 말고도 자연상수 e[14]라든가 소수들의 수열 등 의미 있는 숫자들이 많아요. 이런 숫자들도 다양한 음악이 될 수도 있지 않을까요?

---

14) 자연상수 e: 자연로그의 밑이 되는 자연상수 e를 오일러의 수라 하며 e=2.71828···의 값을 가지는 무리수이다. 수식으로 표현하면 $e = \lim_{n \to \infty}(1+\frac{1}{n})^n$ 이다.

버르토크 벨러 _ Bartók Béla
(1881년 3월 25일 – 1945년 9월 26일)

버르토크 벨러(미국식 '벨라 바르톡')는 20세기 상반기에 활동한 작곡가 중 가장 독립적이고 독창적이었던 작곡가 중 한 명이에요. 그는 오스트리아-헝가리 제국의 헝가리 지역에서 태어났어요. 헝가리를 대표하는 음악가로, 작곡가이자 피아니스트였고, 뛰어난 음악 이론가였어요. 독창적인 본인의 음악 이론을 통해 클래식 음악과 낭만주의를 넘어 현대 음악의 흐름을 이끈 거장이었어요. 그는 음악사적으로 매우 중요한 역할을 했는데, 그가 작곡에 활용한 다양한 이론은 지금도 많은 작곡가가 자주 탐구하고 연구하는 대상이랍니다.

버르토크는 콘서트 피아니스트로서 활발한 연주 활동을 펼쳤고, 동유럽, 터키, 북아프리카의 민속 노래와 기악을 녹음하고 채보[15] 하면서 많은 시간을 보냈어요. 그는 자신이 들었던 연주의 음조 변화와 세부 사항들을 가능한 한 있는 그대로 채보하여 2,000여 개의 선율을 모아 출판했어요. 이와 동시에 버르토크는 중부 유럽을 비롯한 세계 각지에서 민요를 수집해서 연구한 음악학자이기도 했어요. 최초의 민요집인 '20개의 헝가리 민요'라는 책을 출판했으며, 본인 작품들에도 민속 음악의 특성을 활용할 정도로 음악과 현실 속 사람들의 삶을 함께 이으려고 했어요. 이런 점 때문에 음악사나 인류학 연구자들에게도 중요한 연구 대상이기도 해요.

---

15) 채보: 본래 기보되어 있지 않은 음악을 악보에 옮기는 것. 목적은 편곡해서 레퍼토리에 넣어 이용하는 경우와, 학문적 분석을 위한 경우가 있어요.

2차대전이 발발하자 나치에 부정적이었던 버르토크는 아내와 미국으로 망명했지만, 삶은 녹록지 않았어요. 미국인들에게 익숙하지 않은 작곡가였기에 새로운 곡을 만들더라도 인정받지 못해 연주 생활을 하며 곤궁한 생활을 이어갔어요.

건강마저 나빠지자, 작곡을 그만두어야겠다는 생각까지 했다고 해요. 그런던 중 1943년 보스턴 심포니 오케스트라의 음악감독 쿠세비츠키로부터 의뢰를 받아 작곡한 〈오케스트라를 위한 콘체르토〉 곡이 1944년에 초연되면서 버르토크는 뒤늦게 인정받을 수 있었어요. 작품 활동을 향한 그의 열의도 되살아나 다시 작곡하기 시작했답니다. 그리고 1945년 9월 26일 백혈병으로 사망하기 전까지 3개 이상의 주요 작품을 완성하였어요.

버르토크의 음악 이론과 작곡 기법은 지금의 작곡가들에게 필수적인 공부 대상이에요. 그 이유는 그의 음악특징 중 하나인 수학적 원리를 바탕으로 정교하게 만들어진 구조성에 있어요. 대표적으로 그는 '피보나치수열'과 '황금비'를 음악에 적용하기 위한 시도를 많이 하였는데, 1936년에 쓰인 작품 '현, 타악기, 첼레스타를 위한 음악'의 구성은 마치 수학 논문을 보는 듯한 구성으로 유명하답니다.

피보나치 수열

Fibonacci sequence. 수학에서 다루는 수열이에요. 다음과 같은 점화식으로 피보나치수열을 정의할 수 있어요.

$$F_0 = 0,\ F_1 = 1,\ F_{n+2} = F_{n+1} + F_n$$

일반항으로 표현하자면 다음과 같다

$$F_n = \frac{1}{\sqrt{5}} \left[\left(\frac{1+\sqrt{5}}{2}\right)^n - \left(\frac{1-\sqrt{5}}{2}\right)^n \right]$$

$$= \frac{(1+\sqrt{5})^n - (1+\sqrt{5})^n}{2^n \sqrt{5}}$$

$$= \frac{1}{2^{n-1}} \sum_{k=0}^{[(n+1)/2]} \binom{n}{2k+1} 5^k$$

($[(n+1)/2]$는 $(n+1)/2$ 이하의 최대정수, $\binom{n}{2k+1}$ 은 조합)

아주 계산이 복잡하지만, 다항방정식 형태로 바꿔서 풀면 쉬워요.

제0항을 0, 제1항을 1로 두고, 둘째 번 항부터는 바로 앞의 두 수를 더한 수로 놓으세요. 1번째 수를 1로, 2번째 수도 1로 놓고, 3번째 수부터는 바로 앞의 두 수를 더한 수로 정의하는 게 좀 더 흔하게 알고 있는 피보나치수열이랍니다. 이 둘은 시작점이 다르다는 정도를 빼면 사실상 같아요. 그중에서 16번째 항까지만 나열해 보자면 (0), 1, 1, 2, 3, 5, 8, 13, 21, 34, 55, 89, 144, 233, 377, 610, 987 이렇게 가요. 피보나치수열의 이웃한 두 항이 항상 서로소[16] 인 것은 수학적 귀납법[17] 으로 쉽게 증명할 수 있어요. 그러나 피보나치 소수가 무한히 존재하는지는 아직 미해결 문제랍니다.

---

16) 서로소: 1 이외에 공약수를 갖지 않는 둘 이상의 양의 정수를 말한다. 이를테면 7과 13은 서로소이다.

17) 수학적 귀납법: 주로 주어진 명제 P(n)이 모든 자연수에 대하여 성립함을 보이기 위해 사용되는 증명법이다. 무한개의 명제들 중 첫 번째 명제가 참임을 증명하고, 그중 다른 어떤 명제 하나가 참이면 그다음 명제도 참임을 증명함으로써 이루어진다.

"수학적 발견의 원동력은 상상력이다."

− 오거스터드 드 모르간 −

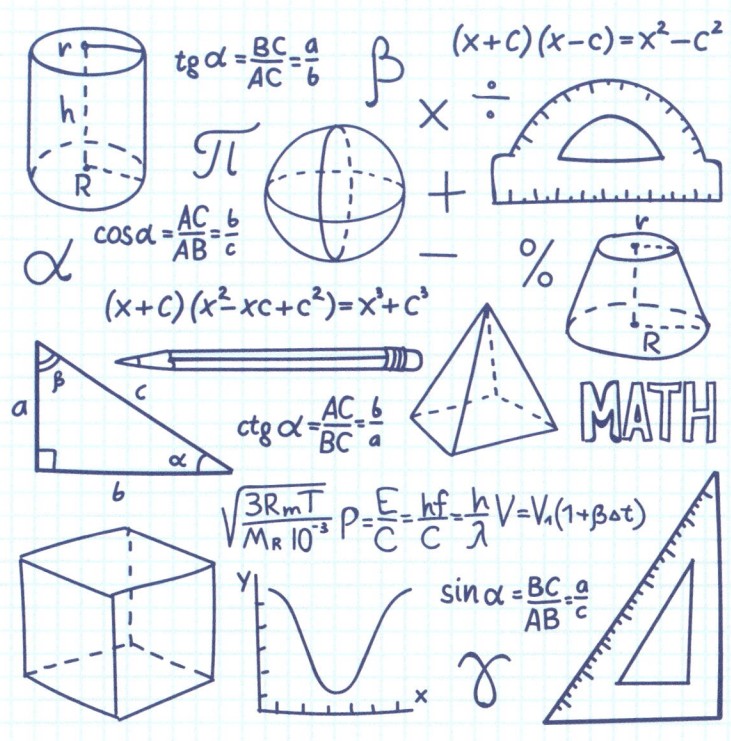

음악에 수를 놓다 / 57

5장. 악보 위에 수학으로 음악을 건축한 크세나키스

바흐가 주로 화성이나 멜로디가 가질 수 있는 수학적 구조에 중점을 두고, 버르토크와 기존 작곡가들이 숫자가 만드는 추상적인 수학 규칙에 중점을 두었다면, 이아니스 크세나키스(Iannis Xenakis)는 좀 더 기하학적 규칙을 활용해 음악을 작곡했어요.

크레나키스는 루마니아 출생의 그리스인인 현대 작곡가로, 우리에게 약간 생소할 수도 있어요. 그는 작곡가이면서 동시에 건축가였어요. 크세나키스는 원래 공대로 진학해 건축을 전공한 후, 건축가의 길을 걸었어요. 음악은 틈틈이 독학으로 공부했었다고 해요. 그는 건축가로 뛰어난 실력을 보였고, 20세기 '현대 건축의 아버지'라 불리는 건축가 르 코르뷔지에와 함께 일하며 1958년 벨기에의 수도 브뤼셀에서 열린 만국박람회의 필립스관을 공동 설계하기도 했어요. 비록 건축가의 길을 가던 크세나키스였지만 음악적 열정만큼은 진심이었죠. 그는 건축가와 음악가를 겸업하는 것이 점점 힘들어지자, 건축가를 그만두고 음악가의 길에 전념했다고 해요.

이런 공학적인 배경이 있어서일까요? 기존 작곡가들이 추상적인 수학 규칙을 활용해 음악을 작곡했다면, 크세나키스는 좀 더 기하학적인 대상들의 규칙을 활용해 음악을 작곡했다고 해요. 실제로 그는 음악을 '소리의 건축'이라고 생각했어요. 그래서인지 그가 남긴 악보를 보면 마치 건축 설계도 같은 악보도 있답니다. 다음 장에서 크세나키스가 작곡한 'Metastasis'라는 곡의 악보 중 일부를 보여드릴게요. 필립스관의 도면이라고 해도 믿을 것처럼 생긴 악보랍니다. 더 신기한 사실은 필립스관 설계보다 이 곡이 먼저 만들어졌다는 것이며, 실제 이 악보가 필립스관 설계에 영감을 주었다고해요. 크세나키스의 또 다른 곡 중 '노모스 알파(Nomos Alpha)'라는 곡도 이런 면을 보여준답니다. 이 곡은 정육면체 대칭을 바탕으로 곡을 작곡했다고 하며, 후속으로 나온 '노모스 감마(Nomos Gamma)'는 이를 더 확장해 정팔면체와 다른 입체도형들의 구조를 활용해 작곡되었다고 해요.

크세나키스의 음악이 가진 이런 건축적인 입체성, 탄탄한 조형미는 건축에도 음악에도 진심이었던 그의 음악적 특성이었는데요. 이런 작곡을 위해 크세나키스는 수학, 물리, 통계 등을 배웠다고 해요. 1963~64년에 'Eonta'의 도입부인 피아노 솔로를 작곡할 때는 음표가 '무작위'로 '고르게' 분포될 수 있도록 컴퓨터를 사용해 악보를 '계산해' 작곡했다고 해요.

또한, 1970년대에는 작곡을 위한 컴퓨터 프로그램을 개발하기도 했죠. 지금 대부분의 작곡이 컴퓨터 프로그램의 도움으로 이루어지고 있고, 최근에는 AI 작곡까지 시작된 걸 봤을 때, 1960년대 아직 개인용 컴퓨터라는 개념조차 없던 시절에 이미 컴퓨터로 작곡을 시작한 크세나키스는 정말 선구자라고 할 수 있어요. 그의 음악 작품 속에는 이미 최첨단 수학이 들어있던 셈이죠.

크세나키스가 남긴 악보처럼 정확한 음표의 표기보다는 음의 흐름을 악보처럼 표기하는 기법을 '그래픽노테이션(Graphic Notation)'이라고 해요. 1950년대 실험 음악을 하던 얼 브라운(Earle Brown), 존 케이지(John Cage) 등의 음악가들이 처음 시작한 기법이죠. 음의 변화나 멜로디를 그림처럼 표현해 정해진 악보를 치는 것이 아니라, 연주가마다 본인의 해석대로 '자유롭게' 연주할 수 있는 음악을 추구했다고 하는군요.

크세나키스와 르 코르뷔지에가 공동 설계했던 필립스관

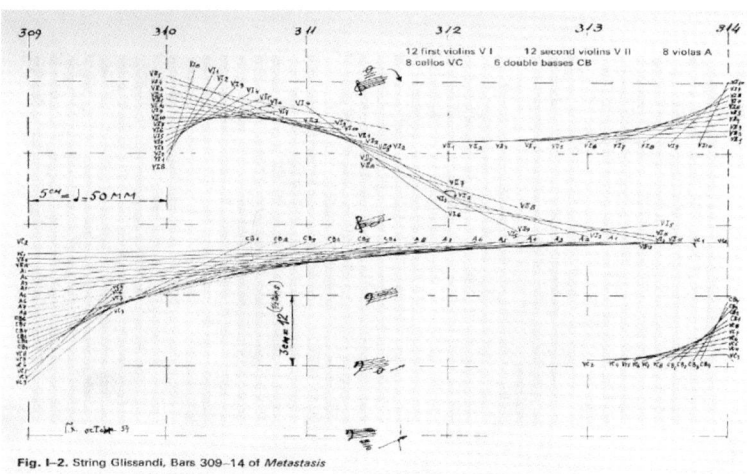

크세나키스가 쓴 Metastasis 악보의 일부 모습

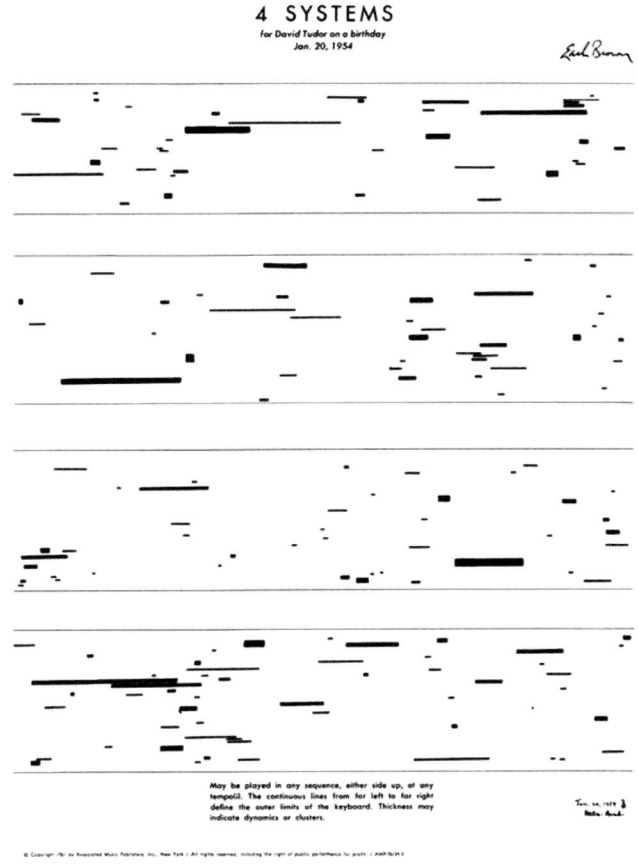

얼 브라운이 작곡한 Folio and 4 systems의 악보 중 일부

위 악보는 얼 브라운이 1952~1954년에 작곡한 'Folio and 4 systems'의 일부예요. 크세나키스의 악보가 건축 조형도 같았다면 이 악보는 무슨 바코드나 현대 미술처럼 생긴 것 같아요. 앞서 본 '피보나치 송'이나 '파이송'이 주어진 번호를 자유롭게 치는 음악이었다면, 이 그래픽노테이션은 주어진 그림을 마음대로 치는 음악으로도 볼 수 있어요. 숫자가 만드는 음악에 이은 기하가 만드는 음악인지도 모르겠네요.

이안니스 크세나키스 _ Iannis Xenakis

(1922년 5월 29일 – 2001년 2월 4일)

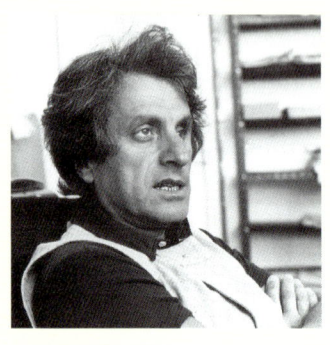

이안니스 크세나키스는 루마니아 브러일라(Brăila)에서 태어난 그리스인 건축가이자 작곡가로, 20세기 후반의 현대 음악을 대표하는 작곡가 중 한 명이에요. 크세나키스는 어렸을 때부터 음악을 좋아했지만, 특이하게도 공대로 진학하여 건축학을 전공했으며, 음악은 틈틈이 독학으로 공부했다고 전해져요.

이후 창의적인 예술 감각과 기술을 가지고 건축가로 활동하며 20세기 최고 건축가 중 한 명인 르 코르뷔지에와 같이 일할 정도로 인정받았어요. 그는 브뤼셀 파빌리온 필립스(Pavilion Philips) 설계에 참여하기도 했어요. 그러다 건축과 음악을 병행하는 것이 힘들어지자, 건축가를 그만두고 전업 작곡가로서 음악의 길에 전념했어요.

이런 그의 배경 때문인지 크세나키스는 추상적인 수학적 규칙보다는 좀 더 눈에 확실히 보이는 기하학적 수학 규칙을 활용해 음악을 작곡했답니다. 실제로 그는 음악을 '소리의 건축'이라 생각했다고 해요. 크세나키스는 건축가적 기질을 발휘해 탄탄한 입체적이고 조형미 있는 음악을 작곡하고자 했다고 해요. 이를 위해 수학, 물리, 통계들을 배워 작곡에 활용하였으며, 그가 남긴 악보 중에는 실제 건축 설계 도면처럼 생긴 악보들도 있어요.

특히 놀라운 사실 중 하나는 아직 컴퓨터가 일반인들에게는 생소했던 1970년대에 이미 컴퓨터를 활용해 작곡을 시도했다는 점이에요. 현재 AI와 각종 컴퓨터 프로그램을 활용하여 작곡되고 있다는 점을 생각하면 그는 시대를 앞섰던 선구자였어요. 또한, 최첨단 수학을 활용해 작곡하고자 했던 음악에 대한 그의 진심이 보인다고 할 수 있어요.

"수학은 위선과 모호함을 허용하지 않는다."
- 스탕달 -

III

음악과 수학의 동행

1장. AI의 발전, 수학은 음악을 어디로 이끌까요?

보여드린 몇 개의 대표적 예시들 외에도, 세상에는 수학에서 영감을 받았거나 수학적 규칙을 담은 음악 작품이 정말 많아요. 많은 작곡가가 음악으로 수학을 표현하기 위해 노력했고 지금도 노력은 계속되고 있어요.

최근 들어 이러한 노력은 특히 요즘 주목받고 있는 인공지능, 즉 AI기술과 접목한 분야에서 나타나기 시작했어요. 어느정도 수준까지냐면, AI 기술이 발전하면서 음악 작품에 수학을 담아내는 것을 넘어 수학으로 작곡할 수 있는 시대가 오고 있답니다. 새로운 시도냐고요? 제가 봤을 때 AI를 활용한 작곡은 수학 규칙을 통해 음악을 만들려는 시도의 연장선으로 볼 수 있다는 생각이 들어요. 그럼, 구체적으로 어떤 시도들이 있는지 한 번 알아볼까요?

구글(Google)은 2019년 3월 21일, 바흐의 생일을 기념해 '구글 두들 바흐'라는 AI 기반 악보 제작 프로그램을 무료로 공개했어요. 이 프로그램은 구글 마젠타가 개발한 머신러닝 알고리즘인 '코코넷'을 기반으로 만들어진 것이었죠.

구글은 코코넷에 306개의 바흐 합창곡을 학습시켰어요. 그 결과 우리가 구글 두들 바흐에 몇 마디의 멜로디만 입력하면, 그 멜로디를 학습하여 바흐 패턴을 활용해 바흐 스타일의 음악으로 만들어 줘요. 이것만으로도 놀라운데, 그 뒤로 기술적 발전을 거듭하면서, 지금은 바흐 원곡과 바흐 음악을 학습한 AI가 만든 창작곡을 전문가들에게 들려주고 어떤 것이 진짜 바흐 작품인지 맞혀보라고 하면 구분하지 못하는 사람이 많을 정도가 되었어요. 이쯤 되면 '과연 진정한 창작이란 무엇인가?'라는 철학적 질문이 떠오릅니다.

다른 관점에서 생각해 보면 이렇게 AI가 창작곡을 만들 수 있는 것도 바흐의 음악속에 논리적인 수학구조가 존재해서 그런게 아닐까요?

요즘은 바흐를 넘어서 베토벤, 모차르트 등의 유명한 음악가 풍으로 작곡해 주는 프로그램들이 늘어나기도 했고, 생성형 AI[18]가 모방을 넘어 원하는 그림을 그려주듯 원하는 느낌의 음악을 작곡해 주는 프로그램들이 생겨나고 있어요. 최근에는 뇌파를 사용해 작곡을 시도해 보는 사례도 생겨나고 있다고 하니 놀라워요. 그러다 보니, 많은 음악가와 작곡가가 AI 때문에 사람의 영역이 사라지고 창작의 영역이 기계에 침범당할 수 있다고 걱정하기도 해요. 동시에 AI 도움을 받아 음악 작품으로 구현해 낼 수 있는 수학이 훨씬 다양하고 복잡해질 수 있지 않을까 하는 기대도 해요. 새로운 도구의 발달은 사람들에게 두려움을 주기도 하지만, 지금까지 상상하지 못했던 가능성의 문을 열어주기도 할 테니까요.

세상이 발전하고 기술이 발전하면서 우리는 더 다양한 음악을 접할 수 있게 되었어요. 많은 전문가, 연구원, 음악가가 지금도 AI 기술을 음악에 통합하는 새로운 방법을 모색하고, 작곡의 장벽을 허물어 주고 있어요. 여기에 무료로 접근할 수 있는 오픈소스 AI가 다양해지면서 많은 아마추어 작곡가도 새로운 도전에 뛰어들어 혁신적인 창작을 시도하고 있어요. 그뿐인가요? 새로운 악기들도 계속 나오고 있지요. 컴퓨터나 핸드폰 등으로 녹음하고 입력한 음악을 단순히 듣는 것을 넘어, 이제는 악기 없이도 직접 소리와 음악을 만들 수 있게 되었어요. 지금은 음악과 기술이 발전하면서 생성형 AI가 직접 작곡까지 하는 단계로 발전했어요.

이렇게 음악 안으로 성큼 들어온 '인공지능(AI:artificial intelligence)' 이지만, 이 AI도 음악을 작곡하려면 수학이 필요해요. 왜 그럴까요? AI는 디지털 기술이고, 음악을 학습해야 제 기능을 할 수 있어요. AI가 음악을 학습하려면 디지털로 처리된 음악이 있어야 하고, 음악이 디지털 신호로 표현되려면 '푸리에 변환'과 같은 것이 필요하죠. 그리고 여기에서는 설명하지 않았지만, 샘플링[19], 양자화 같은 기술도 필요한데, 이 역시 수학과 컴퓨터공학의 영역이랍니다. 그렇게 생각하면 앞으로 우리가 만나고 즐기게 될 많은 음악 작품 속에는, 여태까지 보다 훨씬 더 많은 수학이 숨어있게 될 것 같네요.

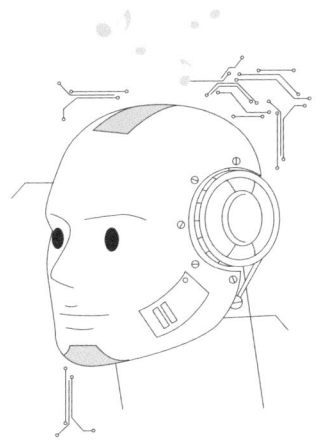

---

18) 생성형 AI: 생성형 인공지능(generative artificial intelligence) 또는 생성형 AI(generative AI)는 프롬프트에 대응하여 텍스트, 이미지, 기타 미디어를 생성할 수 있는 일종의 인공지능(AI) 시스템이에요. 생성형 AI는 입력 트레이닝 데이터의 패턴과 구조를 학습한 다음 유사 특징이 있는 새로운 데이터를 만들어내요. 유명한 생성형 AI 시스템으로 ChatGPT, 구글이 LaMDA 모델로 개발한 챗봇인 바드 등이 있어요.

19) 샘플링: 아날로그의 형식으로 존재하는 자연음을 컴퓨터 등 디지털 장비를 통해 사용하기 위해 디지털 신호로 변환하는 과정으로, 악기의 소리 등 자연음을 컴퓨터 등 디지털 장비에서 사용하기 위해서 샘플링을 거쳐야 해요.

2장. 앞으로 더 기대되는 음악과 수학의 동행

우리는 음악 속에 살아갑니다. 여러분은 오늘 어떤 음악을 들으셨나요? 지금 어떤 음악이 듣고 싶으신가요? 저는 음악으로 즐거움을 나누고, 때로는 괴로움을 잊기도 해요. 감정을 표현하기도 하고 생각을 전하기도 하는데, 음악 속에 이렇게나 다양한 수학 원리가 숨어있다는 사실은 다시 생각해도 참 놀랍다는 생각이 절로 들어요.

피타고라스, 메르센, 푸리에 등 수학자로만 생각했던 사람들이 있었기에 우리의 삶을 풍요롭게 해주는 음악의 근간이 만들어졌다는 놀라운 사실을 우리는 알게 되었어요. 감성적인 것만 같던 음악과 이성적일 것만 같던 수학이 서로 긴밀하게 연결되었다는 것이 놀라울 뿐이에요. 하지만, 한편으로는 음악도 수학도 자연에 숨은 규칙과 아름다움을 찾는다는 점에서 서로 연결되어 있다는 것은 당연하다는 생각도 들어요. 앞으로도 음악과 수학은 계속 발전할 것이고, 이러한 새로운 음악과 새로운 수학이 만나 미래에 어떻게 협력하고 발전하게 될지 무척 기대돼요.

지금까지 음악과 수학의 연관을 보여드렸어요. 음악은 시작부터 수학과 함께 해왔음을 알게 되었고, 실제로 많은 음악이 수학을 활용해서 작곡됐다는 신기한 사실들도 알 수 있었어요. 물론 보여드린 일부 예시들 말고도 몇천 년에 걸쳐 음악과 수학이 함께 발전해 온 흔적은 너무나 다양해요. 더구나 지금도 이 발전이 현재 진행 중이라는 사실이 너무 매력적이에요. 음악과 수학은 앞으로 어떤 형태로 멋진 작품을 또 만들어 낼 수 있을까요?

피타고라스, 메르센 같은 수학자들이나 바흐, 버르토크 같은 작곡가들이 그랬던 것처럼 어떤 사람이 또 인류에게 놀라움을 안겨줄지, 우리에게 즐거운 음악을 들려줄지 기대해보면, 수학도 음악도 좀 더 즐겁게 다가갈 수 있으리라 믿어요. 지금도 어디선가는 열심히 음악을 연구하고 있는 수학자와 수학으로 음악을 만들고 있는 작곡가들이 있을 테니까요.

음악에 수를 놓다 / 69

3장 수학문화 확산을 위한 우리의 노력

사람들에게 수학하면 떠오르는 이미지를 물어본다면 대부분이 어려웠던 수식과 지루했던 수업을 떠올릴 거예요. 그렇지만 이제는 수학에 접근하는 방법을 조금만 바꿔보아요! 그럼, 수학을 만나는 시간은 훨씬 재밌는 시간이 될 수 있어요. 수학을 이해하는 것, 수학이 만들어내는 문화, '수학문화'는 여러 면에서 강조할 수 있을 만큼 중요해요. 먼저, 수학은 우리의 일상생활과 밀접한 관련이 있어요. 일상에서 수학적 사고를 활용하면 문제 해결 능력을 높일 수 있어요. 금융 계획, 건축 설계, 기술 개발 등 다양한 분야에서 수학적 사고가 주는 문제 해결 능력을 적극 활용하고 있죠. 이런 곳들에서 수학은 필수적인 역할을 하고 있답니다.

수학은 과학적 탐구와 이해의 기초도 제공해요. 물리학, 화학, 생물학 등 다양한 과학 분야에서 수학은 이론을 형성하고 실험 결과를 분석하는 데 필수적인 도구랍니다. 만약 수학적 지식이 없었다면, 현대 과학이 이렇게 많은 발전을 이루기란 불가능했을 거예요. 교육적인 측면에서도 마찬가지예요. 수학 교육은 학생들에게 논리적 사고와 비판적 분석 능력을 길러주는 중요한 수단이지요. 이러한 능력은 학생들이 미래에 마주할 복잡한 문제를 해결하는 데 도움이 된답니다.

이처럼, 수학문화는 우리의 생활, 과학, 교육 등 우리의 일상에 큰 영향을 미치고 있어요. 하지만 사람들 대부분은 수학은 그저 어렵고 복잡한 학문이라 생각하고, 문제를 풀기 위한 수단으로 여기며 수학에 대한 두려움으로 회피하고 있어요. 수학에 대한 이런 인식을 바꿔보려고 여러 가지 노력하고 있지만 안타깝게도 대부분이 초등학교 저학년 학생들을 대상으로 치우쳐져 있어요. 수학문화를 확산하기 위해 전국 각지에 수학문화관과 수학문화체험센터들을 만들었지만, 아직은 전문 인력의 부족으로 콘텐츠를 개발할 여력이 부족해요. 콘텐츠 검증이나 표준화가 이루어지지 않고 있어 앞으로 만들어가야 해요.

그래서 국가수리과학연구소는 수학문화정책연구팀을 창설하고 전국 수학문화관과 수학문화 전문가협의체를 구성하여 많은 수학문화 전문가들과 협력하고 있어요. 직접 수학문화에 관한 콘텐츠들을 만들어 사람들에게 선보이는 등 수학문화 확산에 적극 참여하고 있지요. '음악에 수(數)를 놓다' 공연은 국가수리과학연구소가 만든 대표적인 수학문화 콘텐츠에요. 수학을 공식과 문제 풀이로 딱딱하게 접근하는 것에서 벗어나, 수학자, 음악가들과 함께 음악 속에 존재하는 수학적인 특징들을 알아보고, 곡을 직접 연주하며 수학을 눈과 귀와 마음으로 느껴보는 경험을 제공하지요.

'음악에 수(數)를 놓다'의 첫 발걸음은 새싹이 피어나기 시작하는 3월의 어느 봄날, 국가수리과학연구소에서 시작되었어요. 저희는 수학에 관한 인식을 개선하려면 학생들뿐만 아니라 학생들을 가르치는 선생님, 부모님, 더 나아가 일반 대중 인식까지도 바꿔야 한다고 생각했죠. 이를 위해 국가수리과학연구소는 대전 대덕연구개발특구에 있는 여러 연구기관 기관장님들과 전국 수학문화관 관장님들을 모시고 음악과 수학이 공존하는 멋진 파일럿 공연을 선보였어요.

공연은 10명의 플루티스트가 메인이 되어, 윌리엄 불컴의 우아한 유령, 차이코프스키의 호두까기인형 모음곡 등을 연주했어요. 열 개의 플루트가 만나 특유의 경쾌하면서 부드러운 소리로 만들어 내는 하모니가 굉장히 인상적인 공연이었답니다.

공연을 관람하신 김차숙 울산수학문화관장님은 "공연이 수학문화 확산의 시작점이 되는 것 같고, 이를 통해 수학 문화가 저변에 확대되기를 바란다."며 공연의 시작을 축하해주셨고, 이진숙 충남대학교 총장님은 "마음에 수를 놓는 격조 있는 시간이 되었다."며 공연의 소감을 남겨주셨어요.

수학문화의 확장 : $\int (수학 + 음악) = \infty$

무더운 8월, 수학문화 확산을 위해 매년 개최되던 과학캠프와 별개로 수학에 중점을 둔 수학캠프를 요청받게 되었어요. 그래서 대전광역시, 대전광역시교육청, 대전관광공사와 국가수리과학연구소가 함께 주최하는 '대덕특구 50주년 기념 대전광역시 고등학생 산업수학 캠프'를 개최하게 되었죠. 캠프의 마지막은 '음악에 수(數)를 놓다' 공연으로 장식했어요. 이 공연은 수학문화 콘텐츠로써 수학에 대한 학생들의 흥미와 관심을 높이기 위해 학생들이 일상에서 접하기 쉬운 베토벤, 바흐 등 유명 작곡가들의 음악들과 함께 영화 '이상한 나라의 수학자'의 OST인 파이(원주율)송이 연주되었죠.

이날 연주된 곡들에는 어떤 수학들이 숨어 있었을까요? 먼저 공연의 시작을 연 파이송에서는 무작위성의 아름다움을 찾아볼 수 있었어요. 파이처럼 일정한 규칙 없이 끊임없이 이어지는 숫자를 무리수라고 하는데 파이는 대표적인 무리수이죠. 파이송은 무리수인 파이의 특징을 활용해 작곡한 곡으로, 곡 연주와 함께 왜 이 곡이 안정적으로 들리는지에 대한 설명도 함께 이루어졌어요. 이를 통해 학생들이 대수의 법칙을 더 잘 이해하도록 도왔어요.

'음악의 아버지'라고 불리는 바흐의 곡도 공연에서 빼놓을 수는 없겠죠? 앞서 보았던 평균율, 순정률과 함께 바흐의 '평균율 클라비어 곡집'을 소개했어요. 수학적 원리로 음을 해석해 음악의 기초를 확립한 피타고라스의 대장간 일화도 소개했어요. 그가 만든 음정도 더욱 수학적으로 제시하여, 음악에서의 화음과 수학이 가지는 밀접한 관계에 대해 이야기 나눴답니다.

도입부의 "빠바바밤 빠바바밤"만 들어도 대부분이 아는 베토벤의 운명 교향곡! 이 곡이 주제부를 기준으로 앞부분이 337마디, 뒷부분이 233마디로 이루어진, 황금비를 이룬다는 것을 참여하신 분들에게 알려드렸어요. 이러한 황금비가 건축, 미술 등의 실생활에 어떻게 사용되고 있는지 소개하며, 수학이 우리의 일상생활 안에서 어떻게 사용되고 있는지, 왜 수학이 중요한지에 대해 알아보았어요.

그리고 수능에서 항상 출제되는 무한등비급수 문제에 프랙탈 구조가 등장하는데요.. 이 구조는 수학적 분석, 생태학적 계산, 운동모형 등에서도 나타나 수학적으로 굉장히 중요해요. 이러한 구조가 음악에서는 어떻게 나타나고 있는지, 어떤 의미를 가지는지를 캐논 변주곡을 통해 직접 느껴볼 수 있는 경험을 나누었어요. 아무래도 학생들이 가장 익숙한 수능시험 문제를 예시로 들어서일까요? 집중도와 공감도가 가장 높았답니다!

이처럼 학생들이 배우고 있는 수학을 실생활과 접목한 색다른 방법으로 접근하여 '지루하지 않은 수학'을 느껴볼 기회를 제공할 수 있었고, 연주자들의 아름다운 연주를 통해 학생들이 가지는 수학에 대한 부정적인 인식을 해소할 수 있었어요. 공연을 함께 관람하신 선생님들도 뜻깊고 즐거운 시간이었다는 감상평을 남겨주셨어요. 수학과 함께하는 음악공연으로 학생들의 지친 마음을 위로하고 수학으로 힐링하는 시간이 되었고 수학문화의 무한한 확장의 가능성을 다시 한번 확인하게 되었답니다.

우리의 미래들과의 동행 : 수학 // 음악

수학문화가 더 빠르게 확산될 수 있도록 국가수리과학연구소는 보다 적극적인 수학문화 확산 정책을 펼치고 있어요. 그 일환으로 대중에게 직접 다가가 수학문화 콘텐츠를 제공하는 '찾아가는 수학문화 프로그램'을 개최하고 있어요. '음악에 수(數)를 놓다' 공연도 선보였죠.

지역 내 수학문화에 대한 접근성의 차이를 인지하고 수학문화 콘텐츠에 대한 균등한 접근 기회를 제공하려면 지역 간 기회 불균형을 해소하는 것도 필요하다고 봤어요. 그래서 전교생이 46명인 기성초등학교와 길헌분교장의 학생들을 대상으로 수학문화에 관한 프로그램을 진행했어요. 초등학생들을 위한 공연인 만큼 초등학생들의 눈높이에 맞춰 아이들에게 인기 있는 '문어의 꿈'과 크리스마스 캐럴을 연주 프로그램으로 추가했어요. 콘텐츠의 난이도도 학생들의 교과과정에 맞추어 준비했지요. 지금까지 공연들과 달리 지역 주민들도 초대해 처음으로 대중에게 공연을 선보였는데, 그 덕분에 더욱 의미 있는 공연이 될 수 있었어요. 특히 '문어의 꿈'이 연주될 때는 아이들이 스스로 노래를 따라 부르기 시작했는데, 커다란 강당이 음악과 꼬마친구들의 노래소리로 가득 채워지는 모습은 연주자들에게도 큰 힘을 준 것은 물론 공연을 관람하고 준비한 모든 사람에게 엄청난 감동을 안겼답니다.

"수학문화 확산을 위한 연구소의 당찬 발걸음"

이번에는 국가수리과학연구소의 '수(數)를 놓다' 시리즈를 한번 소개해 볼까 해요. 국가수리과학연구소는 '음악에 수(數)를 놓다' 공연 말고도 수학문화 확산을 위한 다양한 프로그램을 개발하고 운영하고 있답니다. 사람들의 흥미를 일으키고 콘텐츠에 쉽게 접근할 수 있도록 실생활과 연계한 프로그램부터 인문학과 만난 프로그램까지, 다양한 주제의 프로그램이 준비되어 있어요. 또한, 산업수학 문제를 발굴하고 해결하고 있어요. '산업에 수(數)를 놓다' 프로그램은 실제 연구소의 문제 해결 성과인 '원자력발전소의 연료와 삽입체 정비를 위한 재배치 이동경로 최적화'를 바탕으로 수학이 만들어낸 알고리즘을 체험할 수 있는 프로그램이랍니다. 직접 선을 그어 이동경로를 설계해 보고, 파이썬을 활용하여 최적화된 이동경로를 계산하고 확인하는 등의 체험을 통해 지금까지 어려웠던 수학을 즐겁고 쉽게 이해할 수 있어요.

수학은 이곳에만 쓰이는 게 아니랍니다. 혹시 '마타하리'라는 사람을 아시나요? 네덜란드 출신의 무용가였던 마타하리는 제1차 세계대전 당시 활동한 유명한 스파이예요. 독일과 프랑스를 오가며 스파이 활동했던 마타하리는 악보를 통해 암호를 전달했다는군요. 여기서 영감을 얻어 개발된 프로그램이 바로 '암호에 수(數)를 놓다'랍니다. 이 프로그램에서는 마타하리가 활용했던 암호 악보를 개선하여 암호체계에 녹아있는 수학을 만나볼 수 있도록 해요. 또한, 1 대 1 대응 함수를 응용한 암호를 직접 풀어보며 함수에 대한 이해를 높일 수 있죠. 여기에 더해 현대 암호에서 수학이 왜 중요하게 쓰이는지를 함께 알아보다 보면 수학에 대한 흥미가 더 높아질 거예요.

'곱셈구구'는 덧셈과 뺄셈 다음으로 배우게 되는 수학의 기본이며 학생들이 처음으로 외우는 것이죠. 곱셈구구는 계산의 속도를 굉장히 높여주는 효율적인 수단이기도 해요. 그런데 과연 조선 시대에도 곱셈구구가 있었는지 궁금하지 않나요? '역사에 수(數)를 놓다' 프로그램에 참여하면 이 질문에 답을 알 수 있어요. 과거부터 현재까지 우리나라에서는 수학이 어떻게 발전했는지 역사와 함께 소개하고, 아라비아 숫자를 사용하기 전의 계산 방법인 '산대(산가지)'를 직접 사용해 보는 체험을 제공해요. 과거부터 이어진 수학의 역할을 알아보며 현대 수학의 편리함에 대해 느낄 수 있어요.

'음악에 수(數)를 놓다' 프로그램에서 확인할 수 있듯 예술과 수학은 떼려야 뗄 수 없는 관계이죠. 그렇다면 미술이란 예술에는 어떤 수학이 숨어져 있을까요? '미술에 수(數)를 놓다' 프로그램에서는 바로 미술 속에 녹아있는 수학을 찾아본답니다. 레오나르도 다빈치, 라파엘로, 빈센트 반 고흐 등 유명 작가들의 작품 속에서 찾을 수 있는 원근법 속 수학을 함께 탐구하고, 실제 원근법이 어떻게 쓰이는지 직접 명화 위에 소실점을 그려보는 체험을 통해 수학을 만나볼 수 있어요. 더 나아가 수학이 미술 발전에 어떤 역할을 했는지, 미술사와 명작 해설을 들으며 수학의 쓰임을 자연스럽게 알 수 있어요.

이처럼 국가수리과학연구소에서는 학생부터 성인까지 남녀노소가 즐길 수 있는 맞춤형 수학문화 콘텐츠를 개발하고 제공함으로써 수학문화를 확산시키기 위해 적극적으로 노력하고 있어요. 음악, 산업, 암호, 역사, 미술과 만난 '수(數)를 놓다' 프로그램은 앞으로도 다른 주제들과 함께 계속해서 이어질 예정이에요. 국가수리과학연구소는 지금까지의 수학문화 콘텐츠들을 더욱 개선하고 새롭고 재미있게 만들려고 해요. 이를 통해 여러분이 다양한 일상과 문화영역에 녹아있는 수학을 함께 배우고 즐길 수 있도록 최선을 다할게요!

♪ 쿠가수리과학
♪ 연구소 소개

국가수리과학연구소

수학은 시간과 장소를 초월하여 우리 삶 속에 들어와 있으며 그 기능과 역할이 점점 더 중요해지고 있습니다. 4차 산업혁명으로 모든 것이 디지털화 되고 있는 이 시대에 '수학'이 연구실을 벗어나 바깥세상으로 그 역할을 넓히고 수학연구와 교육, 기능을 강화하고자 국가수리과학연구소는 설립되었습니다.

국가수리과학연구소는 "수학이 산업과 과학기술 발전에 직접적으로 이바지하는 새로운 역할 제시"라는 명제를 가지고 국가적·사회적 요구에 발맞추어 산업 수학을 필두로 한 전략적 R&D를 추진하고, 산업과 공공 영역의 문제를 수학의 모든 분야 지식과 방법론을 활용해 해결하는 데 이바지하고자 합니다. 또한, 다양한 기업과 R&D 협력을 적극적으로 추진할 뿐 아니라, 수학 기반의 스타트업에 특화된 프로그램 및 문제해결 체계를 갖추어 나가고 있습니다.

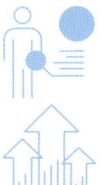

국가수리과학연구소는 국민의 건강과 삶의 질 향상에 수학이 적극적으로 이바지할 수 있도록 의료와 수학이 접목된 신규 연구 분야인 의료수학을 통해 최근 급증하고 있는 의료현장의 애로 사항에 대한 수학적 해결 요구에 대응하고 있습니다. 구성원 모두의 역량과 의지를 모아 수학 전 분야의 균형적 성장과 협력을 자산 삼아 수학적 문제해결 능력을 극대화하는 데 최선을 다하고 있습니다.

https://www.nims.re.kr/

$(x+y)^n = \sum_{k=0}^{n} {}^nC_k \, x^{n-k} \, y^k$ $2x^2+3x+4=y$ $(x+y)^n =$ $a^3+b^3=(a+b)(a^2-ab+b^2)$

$3^0=1$ a^2+b^2 $y=\sin x$ $\dfrac{x}{x+2} - \dfrac{8}{x+6}$

$\log_a 1 = 0$ $= \dfrac{16}{x^2+8x+6}$

$(x+y)^n =$

$\log_c\left(\dfrac{a}{b}\right) = \log_c a - \log_c b$ $\sqrt[3]{-8} = -\sqrt[3]{8} = 2$ $(8^2)^3 = 8^{2\times 3} = 8^6$ c^2

$y = \dfrac{k}{x}$, $k<0$

$y = ax^2 + bx + c$ $\dfrac{\sqrt{3}}{2}$ $\sin^2 y + \cos^2 y = 1$

$k<0$ $\sum_{k=1}^{n} k = \dfrac{1}{2}n(n+1)$ $\left(\dfrac{a}{b}\right)^c = \dfrac{a}{b}$

$c^2 = a^2 + b^2$ $y=kx^2$, $k>0$

$60°$ $\pi \approx 3.14$

$30°$ $A = lw$ x^2-3

$4^{\frac{3}{2}} = \sqrt[2]{4^3}$ $\sqrt{2}$ $4^{-2} = \left(\dfrac{1}{4}\right)^2$ $8^2 + 6^2 = c^2$

$y = \dfrac{k}{x}$ $64 + 36 = c^2$

$100 = c^2$

$\sqrt{100} = \sqrt{c^2}$

$\pm 10 = c$ $C = 2\pi r$

$(a-b-c)^2 = a^2 + b^2 + c^2 - 2ab + 2bc - 2ca$ $\cos\left(\dfrac{\pi}{6}\right) = \dfrac{\sqrt{3}}{2}$

$\sin 30° = \dfrac{1}{2}$ $a^b a^c = a^{b+c}$ $2x^2+3x+4=y$ $(x+y)^n = $ $\sqrt{awh}$ $(a+b)(a^2-ab+b^2)$

$\sin 45° = \dfrac{1}{\sqrt{2}}$ $\left(\dfrac{2}{3}\right)^{-3} = \left(\dfrac{3}{2}\right)^3$ $y = a(x-b)^2 + c$ $y=\sin x$

$\sin 60° = \dfrac{\sqrt{3}}{2}$ a^2+b^2 $f(-x) = a(-x) + b = -(ax-b)$ $A = \pi r^2$ $\dfrac{x}{x+2} - \dfrac{8}{x+6}$

$\log_a 1 = 0$ $= \dfrac{16}{x^2+8x+6}$

$(x+y)^n =$

$\log_c\left(\dfrac{a}{b}\right) = \log_c a - \log_c b$ $\sqrt[3]{-8} = -\sqrt[3]{8} = 2$ $(8^2)^3 = 8^{2\times 3} = 8^6$ c^2

$y = \dfrac{k}{x}$, $k<0$

$y = ax^2 + bx + c$ $\dfrac{\sqrt{3}}{2}$ $\pi \approx 3.14$ $\sin^2 y + \cos^2 y = 1$

$k<0$ $\sum_{k=1}^{n} k = \dfrac{1}{2}n(n+1)$ $\left(\dfrac{a}{b}\right)^c = \dfrac{a}{b}$

$c^2 = a^2 + b^2$ $y=kx^2$, $k>0$

$60°$ $A = lw$ x^2-3

$30°$ $4^{-2} = \left(\dfrac{1}{4}\right)^2$ $8^2 + 6^2 = c^2$

$4^{\frac{3}{2}} = \sqrt[2]{4^3}$ $\sqrt{2}$ $y = \dfrac{k}{x}$ $64 + 36 = c^2$

$100 = c^2$

$\sqrt{100} = \sqrt{c^2}$

$\pm 10 = c$ $C = 2\pi r$

$(a-b-c)^2 = a^2 + b^2 + c^2 - 2ab + 2bc - 2ca$ $\cos\left(\dfrac{\pi}{6}\right) = \dfrac{\sqrt{3}}{2}$

$\sin 30° = \dfrac{1}{2}$ $a^b a^c = a^{b+c}$

$\sin 45° = \dfrac{1}{\sqrt{2}}$ $V = lwh$

$\left(\dfrac{2}{3}\right)^{-3} = \left(\dfrac{3}{2}\right)^3$ $y = a(x-b)^2 + c$

$\sin 60° = \dfrac{\sqrt{3}}{2}$ $A = \pi r^2$

$f(-x) = a(-x) + b = -(ax-b)$

**자연의 거대한 책은
수학적 기호들로 쓰여졌다.**

– 갈릴레오 갈릴레이 (Galileo Galilei) –

•

**단지 우리가 정답을 찾지 못한 것일 뿐,
정답이 존재하지 않는다는 것은 아니다.**

– 앤드루 존 와일스 (Andrew John Wiles) –

•

**수학을 알지 못하는 것은
세상을 이해하는데 상당한 한계가 있다.**

– 리처드 파인만 (Richard Feynman) –

•

**왜 숫자는 아름다운가. 이것은 베토벤 9번 교향곡이
왜 아름다운지 묻는 것과 같다.**

– 폴 에르데쉬 (Paul Erdős) –

•

**수학은 다른 사물에
같은 이름을 붙이는 기술이다.**

– 앙리 푸앵카레 (Henri Poincare) –

| 참고문헌 |

1. 책
- 수학으로 배우는 파동의 법칙_Transnational College of LEX 저/이경민 옮김
- 대칭_Marcus du Sautoy 저/안기연 옮김
- 창조력 코드_Marcus du Sautoy 저/박유진 옮김
- 수학이 사랑한 음악_니키타 브라긴스키 저/박은지 옮김
- 기묘한 수학책_David Darling & Agnijo Banerjee 저/고호관 옮김

2. 인터넷
- 용어 번역 및 공식 사진은 대부분 영문/한글 위키피디아 사용
- 참고한 공식 기사
  - https://www.donga.com/news/Society/article/all/20220106/111132765/1
  - https://weekly.donga.com/science/article/all/11/2437858/1
  - https://science.ytn.co.kr/program/view.php?mcd=0082&key=202011271619379232
  - https://sgsg.hankyung.com/article/2023030348471
  - https://www.dongascience.com/news.php?idx=57477

3. 그 외 인터넷 블로그들
- https://pyy0715.github.io/Audio/
- https://blog.naver.com/PostView.naver?blogId=k_dynamic&logNo=220421379914
- https://blog.naver.com/PostView.nhn?isHttpsRedirect=true&blogId=toshizo&logNo=220688405863&parentCategoryNo=&categoryNo=62&viewDate=&isShowPopularPosts=true&from=search
- https://spring-of-mathematics.tumblr.com/post/98772567619/fourier-transform-in-the-first-frames-of-the
- https://m.blog.naver.com/PostView.naver?blogId=nalnarioppa&logNo=80141863899&targetKeyword=&targetRecommendationCode=1
- https://post.naver.com/viewer/postView.naver?volumeNo=34036512&memberNo=1474987
- https://imgur.com/FG0227X
- https://earle-brown.org/work/folio-and-4-systems/

음악에 수를 놓다

초판 1쇄 인쇄 발행 2024년 3월 7일

지은이 유명산, 정한영, 윤민준, 이수민
감수 이승재
펴낸곳 도서출판 지헌
출판등록 제2016-000106호
주소 서울시 종로구 홍지문길 69
전화 02-2691-3780
디자인·편집 아트라인플랫폼

ISBN 979-11-959642-5-3
값 12,000원

이 책의 저작권은 지은이와 도서출판 지헌에 있습니다.
또한 저자와 출판사 지헌의 서면 허락없이 내용의 일부를 인용하거나
발췌하는 것을 금합니다.
제본·인쇄가 잘못되거나 파손된 책은 구입하신 곳에서 교환해드립니다.